全国机械行业职业教育优质规划教材（高职高专）
经全国机械职业教育教学指导委员会审定

高等职业院校机械专业创新教学教材
大学生学科竞赛指导用书

机械创新设计实训教程

陈长生　周纯江　编著

屠　立　主审

机械工业出版社

本书是根据高等职业院校开展创新型人才培养的要求，结合机械创新设计竞赛训练的需要而编写的。

　　全书以机械创新设计过程为线索组织内容，全书共分6章，包括绪论、明确创新设计的任务、机械原理方案创新设计、机械结构创新设计、样机制作、机械创新设计与制作实例、创新作品的后期工作。作者根据长期从事大学生机械创新设计竞赛训练的指导经验，将创新原理、设计方法、样机制作等综合应用于机械创新设计实训中。通过大学生机械创新设计竞赛作品和工程设计实践案例的展示，做到理论联系实际、深入浅出、便于学习参照。

　　本书可作为高等职业技术院校机械类专业开展机械创新设计教学和竞赛的实训教材，也可供其他类型的创新教育和工程技术人员选用。

　　本书配有电子课件（包括视频，设计过程讲解，草图和流程图、创新实例图纸），凡使用本书作教材的教师可登录机械工业出版社教育服务网（http://www.cmpedu.com），注册后免费下载，或发送电子邮件至cmpgaozhi@sina.com索取，咨询电话：010 - 88379375。

图书在版编目（CIP）数据

机械创新设计实训教程/陈长生，周纯江编著． —北京：机械工业出版社，2013.6（2022.1 重印）

ISBN 978 - 7 - 111 - 43182 - 4

Ⅰ. ①机…　Ⅱ. ①陈…②周…　Ⅲ. ①机械设计 - 高等职业教育 - 教材　Ⅳ. ① TH122

中国版本图书馆 CIP 数据核字（2013）第 145902 号

机械工业出版社（北京市百万庄大街22 号　邮政编码100037）
策划编辑：王海峰　责任编辑：王英杰　王海峰
版式设计：常天培　责任校对：胡艳萍
封面设计：赵颖喆　责任印制：单爱军
北京虎彩文化传播有限公司印刷
2022 年 1 月第 1 版·第 6 次印刷
184mm×260mm·9 印张·215 千字
标准书号：ISBN 978 - 7 - 111 - 43182 - 4
定价：29.00 元

电话服务　　　　　　　　　　网络服务
客服电话：010-88361066　　机　工　官　网：www.cmpbook.com
　　　　　010-88379833　　机　工　官　博：weibo.com/cmp1952
　　　　　010-68326294　　金　书　网：www.golden-book.com
封底无防伪标均为盗版　　机工教育服务网：www.cmpedu.com

前　言

"创新是一个民族进步的灵魂，是国家兴旺发达的不竭动力。一个没有创新能力的民族，难以屹立于世界先进民族之林。"江泽民的讲话形象、生动地说明了创新对于一个国家、一个民族的重要性。当今世界，财富日益向拥有科技优势的国家和地区聚集，经济强国必然是科技强国。曾经有个测算，对于发达国家，技术创新对经济发展的贡献率已达 60% ~80%。我国虽然已成为世界第二经济大国，但人均 GDP 只有日本的 1/10。要培养出优秀的创新人才，除了被教育者应具有一定的天赋外，学校以及教师的教育观念和在创新人才培养中所做的探索将起到很大的作用。

机械创新设计是指充分发挥设计者的创造力，利用人类已有的相关科学技术成果，进行创新构思，设计出具有新颖性、创造性及实用性的机械产品的一种实践活动。它特别强调人在设计过程中的主导性及创造性作用。通过听课、阅读等学习手段只能帮助学生了解创新的知识和技法，不能真正形成创新能力。在学习创造原理和创造技法的基础上，让学生综合运用所学的知识去观察分析客观现象，针对实际需要设计出别出心裁的作品，创造能力才得以形成。在开展机械创新设计实训时应注意以下特点：

1) 要通过具体的创新设计任务组织实训教学。实训教学以培养学生具体实践能力为教学目标，所以，没有一个具体的工作任务、离开具体的创新实践活动是不可能完成教学目标的。通过创新设计任务引领来开展创新活动是创新能力培养的重要特点。

2) 要以做、学、教紧密结合的思路设计实训过程。学生在功能要求分析、原理方案确定、结构参数计算、机械结构构思、实物样机制作等过程中的体会与认知，又会影响到行动中策略与方法的运用。如此反复作用，形成创新实践能力。

3) 要通过教学与竞赛训练相结合的形式开展实训活动。这样不仅可以引导学生参与竞赛，还可以较好地把握创新设计实训的内容与深度，有助于推动课程体系和教学内容的改革。

经过多年机械创新设计实训的教学和参与机械创新设计竞赛的指导工作，作者初步掌握了大学生在创新设计思维上的一些规律，总结了一些机械创新的理论与实际的机械创新设计相融合的具体方法，编写了这本适合学生学习和教师指导学生创新设计实训的教材。

本书以机械创新设计过程为线索组织其内容，全书共分 6 章，包括绪论、明确创新设计任务、机械原理方案创新设计、机械结构创新设计、样机制作、机械创新设计与制作实例、创新作品的后期工作。力图体现创新原理、设计方法、机械制造等在机械创新设计实训中的综合应用。通过大学生机械创新设计竞赛作品和部分工程设计实践案例的展示，做到理论联系实际、深入浅出、便于学习参照。

本书由浙江机电职业技术学院陈长生编著并统稿，周纯江编写了第五章、第六章部分内容。浙江机电职业技术学院屠立主审。

　　本书是浙江省高校重点教材的建设项目，编写过程中引用了许多专家学者的文献资料，多位同行予以热情支持并提出宝贵建议，编者在此一并致以衷心感谢。

　　限于编者水平，书中误漏和不妥之处，殷切期望专家和读者指正。

编　者

目　录

绪　论

机械创新设计（Mechanical Creative Design，简称 MCD）是指充分发挥设计者的创造力，利用人类已有的相关科学技术成果（含理论、方法、技术原理等）进行创新构思，设计出具有新颖性、创造性及实用性的机械产品（装置）的一种实践活动。它包含两个部分：一是改进和完善现有的机械产品，如提升技术性能、可靠性、经济性、适用性；二是创造设计出新机器、新产品，以满足新的需要。机械创新设计不同于常规的机械设计，它特别强调人在设计过程中的主导性及创造性作用，尤其是在总体方案、结构设计中设计者的创新能力将极大地影响着设计的最终结果。

第一节　机械创新设计实训的内容、特点和意义

作为在校的机械类大学生，通过机械设计基础课程的学习以及相关的课程设计训练后，对机械设计的基本知识、方法和相关的设计规范、标准有一个较好的掌握。在后续的学习中，如果能增加一些有关创新设计原理、方法的学习，设置一些结合具体的创新设计任务进行实践训练环节，则可以更加有效地提高学生机械创新设计的实际能力。

对于机械类学生来说，更应该把创新设计、创新实践能力培养摆在重要的位置，因为机械产品从设计、制造，到走向市场，处处体现着创新的关键性作用。高等职业院校的创新教育不能照搬普通高校的做法，要避免过多、过深的理论学习，通过实践训练来开展活动。虽然听课、阅读等理论学习可以帮助学生了解更多的创新知识和技法，但通过创新实践，让学生完成具体的创新作品，会更加有助于创新能力的形成。因为机械创新是一项与工程实际紧密相关的活动，基于实践训练可以使学生认清创新活动的具体内容，更加深入地参与到创新活动中来。

近些年来，各级、各类技能竞赛在高校得到了广泛开展。让学生根据竞赛命题要求开展调研，发挥想象和创造，拟订设计方案，完成设计图样，开展样机制作等一系列的实践活动，可以构成机械创新能力培养的主要内容。下面结合浙江省大学生机械设计竞赛——"凌空采果"进行说明。竞赛主要内容包括设计并制作机器人，在图 0-1 所示的模拟采果作业场地完成动作：①从 1 区到达 2 区；②采摘果实；③携带果实从 2 区到达 3 区；④将果实放入收集筐。

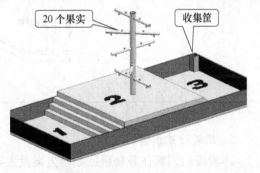

图 0-1　模拟采果作业场地

围绕赛题要求，所设计的创新能力训练主要包括理论方案设计、机械结构设计和实物样机制作三个阶段。

1. 理论方案设计

本阶段的训练任务是完成符合目标要求的原理方案及确定主要参数，学习目标及内容见表0-1。理论方案设计是在明确主题要求的基础上，通过功能要求分析、功能模块及机构构思、原理方案及主参数确定等环节，培养学生根据现实需求运用与创新机构的能力。

表 0-1　理论方案设计的学习目标及内容

理论方案设计	课内学时：12
学习目标 1. 能正确理解训练任务书，明确主题要求 2. 能针对题目进行功能分析，确定完成功能所需要的功能模块 3. 能根据功能模块进行原理方案构思和拟订 4. 能运用机构运动简图或工作原理示意图表达设计方案 5. 能根据工作要求和机构方案确定主要技术参数和指标 6. 能完成原理方案说明书的编写、关键技术的分析与实现以及主要结构简图的绘制	
主要内容 1. 写出训练主题的个人理解 2. 提出体现主题的作品主要组成、原理方案 3. 选择各主要功能模块的机构类型 4. 计算与分析执行机构的基本结构、主要参数 5. 画出作品的机构简图或示意图 6. 写出方案设计说明书	
教学方法建议 总体方法：基于机械设计工作过程 具体方法：参观、调查、要点讲解、实例解剖、小组讨论	
原理方案结果 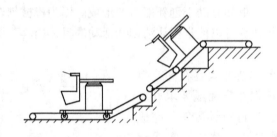	

2. 机械结构设计

本阶段的训练任务是根据原理方案及主要相关参数完成机械结构设计及虚拟三维装配造型，其学习目标及内容见表0-2。通过机械结构构思、结构图绘制、软件三维造型等环节，培养学生机械结构的运用与创新能力。

3. 实物样机制作

本阶段的训练任务是根据机械结构设计及零件图，完成实物样机的制作、调试，其学习目标及内容见表0-3。通过自己的动手实践，深刻认识所完成的作品结构是否合理，功能是否达到了预期目标。本阶段通过零件制作、市场采购、竞赛参与等活动，培养学生团结合作、设计实施和总结改进的能力。

表 0-2　机械结构设计的学习目标及内容

机械结构设计	课内学时：20

学习目标

1. 能对所确定的方案进行机械结构构思
2. 能将机械结构的初步设想表达成机械装配结构草图
3. 能针对机械的工作载荷情况，确定机械结构中主要零件的基本尺寸、装配尺寸
4. 能运用 CAD 软件完成作品零件的三维造型并进行虚拟装配
5. 能由装配图画出主要零件的工作图，列出外购标准件数量、规格清单

主要内容

1. 完成装配结构草图绘制
2. 完成机械主要零件的参数计算与确定
3. 完成主要零件的草图
4. 完成主要零件的三维造型及作品的三维虚拟装配
5. 完成作品主要非标零件的工作图
6. 完成标准件的外购采购清单

教学方法建议
总体方法：基于机械设计工作过程
具体方法：实例解剖、要点讲解、小组分工、市场走访

结构设计结果

表 0-3　实物样机制作的学习目标及内容

实物样机制作	课内学时：50

学习目标

1. 能明确作品样机制作涉及的工作内容、环节、注意事项
2. 掌握作品样机制作工作进度表的内容及制订方法
3. 明确标准件和电动机的市场分布、采购过程及注意事项
4. 明确零件外协加工的协作内容、质量和进度控制的办法
5. 学会使用通用机械加工设备进行机械零件的加工、制作
6. 知道机械装配、调试的基本工作内容，学会相关操作技能

（续）

实物样机制作	课内学时：50

主要内容

1. 制订作品样机制作进度表
2. 完成标准件、电动机的采购
3. 使用实训室设备，完成主要零件加工
4. 落实协作零件的外协加工
5. 在实训室完成作品的装配、调试
6. 完成作品说明书

教学方法建议
总体方法：基于机械加工、制作工作过程
具体方法：现场教学小组讨论、设备操作市场采购

样机制作结果

　　创造能力的培养关键是加强实践训练。实训教学可以让学生综合运用所学的知识去分析客观现象，在设计出别出心裁作品的过程中，创新能力才逐步形成。机械创新设计不同于一般意义上的课程设计，没有现成的资料、步骤、方法可以参考，设计的结果也是不可预料的。组织与开展这项训练活动还没有成熟有效的方法，需要在教学活动的过程中不断地总结与完善。机械创新设计实训具有下列特点：

　　（1）以基于"工作任务、行动导向"的思想组织实训教学　实训教学不同于一般的课堂，是以培养学生具体实践能力为教学目标的。而能力是指顺利完成某一活动所具备的个性心理特征，总是与完成一定的活动联系在一起的。没有一个具体的工作任务、离开具体的创新实践活动是不可能完成教学目标的。所以通过创新设计任务引领来设计和开展创新活动是创新能力培养的重要特点。而且，直接针对创新活动中的工作任务开展训练，可以减少机械创新能力被人为地割裂，真实体现技能活动的综合性，避免因训练过程的"失真"造成获得的技能在实际工作中的"失效"。课程应力求以行业中机械创新相关典型工作内容为参照，以项目实施行动为导向，通过实际工作任务的完成过程来培养机械创新设计的实践能力。

　　（2）以"做中学、做中教，能力递进"的思路设计实训过程　机械创新设计实训作为有特定目的的活动受意识的控制，学生在功能要求分析、原理方案确定、机械结构构思、结构参数计算和实物样机的制作等方面所具有的认识水平，极大地影响到行动中策略与方法的

运用。创新实训采用"做中学、做中教"，可以确保技能的掌握与理论的提升相互协调。针对创新能力心智活动层次上的差别，设计从易到难、从简单到复杂、从低级到高级的创新实训项目，可以使实训教学更具科学性。

（3）以"教学与竞赛训练相结合"的形式开展实训活动　近些年来，各级、各类的创新设计竞赛在高校得到了广泛开展。积极参与竞赛已成为培养大学生的创新意识、提高创造性设计能力的重要途径。虽然竞赛不是高等职业教育创新教育的全部，但是充分吸取各级、各类竞赛中的有效经验，可以更好地落实创新型高技能人才培养的任务。机械创新设计实训采用教学与竞赛训练相结合，不仅可以较好地引导学生参与竞赛，还可以较好地把握创新设计实训的内容与深度，在从简单到复杂的实训项目设计中，充分借鉴竞赛的内涵要求、成果形式、评价考核等相关教学实务。同时，竞赛训练与课程教学相结合，有助于推动课程体系和教学内容的改革。围绕机械专业核心技术的竞赛命题，体现了实践技能和创新能力的培养要求，可以融入课程教学案例，如精品课程建设、教材建设、课程设计及毕业设计等，推进课程内容改革和课程标准的制订，及时让这些项目进入实训和课堂。

高职院校开展创新教育已成为一种社会共识，培养创新型高技能人才已是高等职业教育在新时期、新形势下的一项重要任务。开展创新教育可以增强大学生的创新意识、工程实践能力，激发大学生的发展潜能。机械类企业的技术创新主要包括产品创新、工艺创新两大类。产品创新可以是现有技术、现有产品的改进，是面向用户的创新。工艺创新是产品生产技术上的重大变革，是指对产品加工过程、工艺路线以及设备所进行的创新。工艺创新与产品创新，两者相辅相成，缺一不可，共同维系着企业技术创新的成长。如何培养学生的创新能力一直是摆在教育工作者面前的一大难题，高职院校开设机械创新设计实训使得创新教育有了一个新的载体。

第二节　大学生机械创新设计竞赛活动开展情况

高等教育中举办机械创新设计竞赛，是培养大学生的创新精神、合作意识，提高大学生的创造性设计能力、综合设计能力和工程实践能力，促进更多青年学生积极投身于我国机械设计及机械制造事业的一个重要的实践平台；也是广大同学通过学以致用，提高学习兴趣的良好契机。对于身处校园的大学生来说，参加各类创新大赛是激发创造性思维、培养创造力最迅捷而有效的途径。正如中国科学院院士、教育家杨叔子所指出的，"机械很重要，没有机械就无所谓工业；创新很重要，没有创新就没有发展；设计很重要，设计决定着产品的成本、功能和使用寿命"，所以，机械创新设计大赛很重要。近十年来，全国、各省市的高校都纷纷举办各种形式的与机械创新设计相关的竞赛活动，如全国大学生机械创新设计大赛、各省机械设计大赛等。

一、全国大学生机械创新设计大赛

全国大学生机械创新设计大赛每两年举行一次，是全国大学生重要的科技活动。大赛经教育部高等教育司批准，由教育部高等学校机械学科教学指导委员会主办，机械基础课程教学指导分委员会、全国机械原理教学研究会、全国机械设计教学研究会承办。定位于面向大学生的群众性科技活动，目的在于引导高等院校在教学中注重培养大学生的创新设计能力、综合设计能力和协作精神，加强学生动手能力的培养和工程实践的训练，吸引、鼓励广大学生踊跃参加课外科技活动，为优秀人才脱颖而出创造条件。

全国大学生机械创新设计大赛的动议，是在 2002 年 5 月份召开的机械基础课程教学指导分委员会工作会议上提出的。在此之前，国内部分高校和一些省市分别进行了各种类型和规模的机械创新设计竞赛。竞赛结果表明：机械创新设计竞赛是提高大学生创新设计综合能力、实践操作能力和创造设计能力的竞赛活动，是开拓知识面、培养创新精神、合作意识、磨练意志的一条重要途径，有利于推动全国创新教育的开展，有利于 21 世纪机械基础课程的教学改革，有利于加强高等院校与企业之间的联系，也有利于吸引更多的学生投身到我国机械工业振兴的事业之中。2002 年 11 月，教育部高等学校机械学科教学指导委员会、机械基础课程教学指导分委员会向教育部高教司递交报告，申请举办全国大学生机械创新设计大赛，提出了第一届全国大学生机械创新设计大赛计划于 2004 年举行，以后每两年举行一次，采用先进行分赛区预赛，然后进行全国决赛的竞赛方式。2003 年 6 月 12 日教育部高教司正式批复了上述的报告，同意举办"全国大学生机械创新设计大赛"。全国大学生机械创新设计大赛至今已成功举办了五届。

首届全国大学生机械创新设计大赛决赛 2004 年 9 月在南昌大学举行。大赛以培养大学生的创新设计能力、综合设计能力和工程实践能力为宗旨，各高校参赛作品集中展示了我国高等院校机械学科的教学改革成果和我国大学生机械创新设计的成果。来自全国 200 多所高校的 350 余件作品参赛。参赛作品通过大会展示、答辩和评审委员会专家评议，六个大区的预赛共推荐了 61 项作品进入决赛。最后评出一等奖 15 项、二等奖 21 项、三等奖 24 项。

第二届全国大学生机械创新设计大赛决赛于 2006 年 10 月在湖南大学举行，大赛的主题为"健康与爱心"，内容为"健身机械、康复机械、助残机械、运动训练机械等机械产品的创新设计与制作"。全国共有 240 所高校的 1080 余件作品参加了之前进行的各省区的预赛。123 件作品参加了决赛，最终评出一等奖 24 件，二等奖 36 件，三等奖 63 件。

第三届全国大学生机械创新设计大赛决赛于 2008 年 10 月在湖北武汉，海军工程大学举行。大赛的主题为"绿色与环境"，内容为"环保机械、环卫机械、厨卫机械三类机械产品的创新设计与制作"。全国共有 2200 余件作品参加了之前进行的 27 个赛区的预赛。131 件作品参加了决赛。大赛评委会通过审阅设计资料、观摩实物演示和进行作品答辩等程序，依据评分标准进行评分，并经评审委员会全体会议复审，共评出一等奖 54 项、二等奖 76 项。

第四届全国大学生机械创新设计大赛于 2010 年 10 月在东南大学举行。大赛的主题为"珍爱生命，奉献社会"，内容为"在突发灾难中，用于救援、破障、逃生、避难的机械产品的设计与制作"。有近 4 万名学生直接参与大赛，全国 28 个省赛区 2700 件作品经过省级决赛，最终有 100 多所高校的 149 件作品参加本次决赛，其中包括 7 所高职院校的 8 件作品。

第五届全国大学生机械创新设计大赛于 2012 年 7 月在第二炮兵工程大学举行。大赛的主题为"幸福生活——今天和明天"；内容为"休闲娱乐机械和家庭用机械的设计和制作"。大赛首先采用分省预赛，然后进行决赛。全国各个省（直辖市）参加预赛的作品达 3570 余件，共有 279 件作品进入决赛，最终到第二炮兵工程大学参加决赛的作品有 155 件，其中包括 7 所高职院校的 13 件作品。共评出一等奖 88 项、二等奖 191 项。高职院校在此次大赛中共获得一等奖 6 项。

二、省级大学生机械设计竞赛

为培养大学生的创新意识和创新能力，引导大学生应用所学知识和专业技能服务社会，提高高校学生机械设计水平，全国各省也设有不同类型的省级大学生机械设计竞赛，作为高校创新教育系列中的一个实践教学环节。以浙江省为例，省大学生机械设计竞赛通过让学生根据竞赛命题的性能指标和设计要求开展广泛调研、论证，充分发挥想象力和创造力，自行拟订设计方案，完成设计图样。同时，让学生自行联系零件加工，配件采购，完成模型的制作、装配与调试，达到全面培养学生创新设计能力和工程实践能力的目的。参赛学校可为参赛队聘请指导教师，但要求学生在理论方案设计阶段和模型制作阶段都必须独立完成。该项竞赛至今已成功举办九届。

首届浙江省大学生机械设计竞赛 2004 年月 10 月在浙江工业大学拉开帷幕。来自浙江大学、浙江工业大学等 17 所省内大专院校的 50 支队伍进行了为期三天的比赛。竞赛题目是"月球车设计"，要求模仿月球车的基本功能和设计思路，完成理论方案设计和实物模型制作。参加理论答辩及现场竞赛，在规定时间内完成跨越障碍、定点插红旗及搬运物品等项目。

第二届浙江省大学生机械设计竞赛于 2005 年 10 月在浙江工业大学举行。竞赛题目是"深海探宝"，要求参赛队设计可完成竞赛规定动作的探宝机模型一台，做出书面机械设计方案，完成探宝机模型制作，并参加理论答辩及现场竞赛。

第三届浙江省大学生机械设计竞赛于 2006 年 10 月在中国计量学院举行。来自全省 23 所院校的 82 支队伍（高职高专 22 支队伍）参加了比赛。竞赛题目是"解救人质"，要求设计并制作一台简易机器人，提交机械设计资料，参加理论设计答辩，参加实物竞赛，能够完成一组竞赛规定的解救人质动作。

第四届浙江省大学生机械设计竞赛暨第三届全国大学生机械创新设计竞赛选拔赛于 2007 年 10 月在浙江科技学院举行。本届竞赛作为全国赛的选拔赛，其主题与全国赛一致，为"绿色与环境"。全省共有 26 所高校的 131 支队伍参加决赛。最终，评出特等奖 1 项，本科组一等奖 10 项、二等奖 24 项、三等奖 30 项、优胜奖 40 项；专科组一等奖 2 项、二等奖 5 项、三等奖 12 项、优胜奖 7 项。

第五届浙江省大学生机械设计竞赛暨第三届全国大学生机械创新设计竞赛选拔赛于 2008 年 5 月在浙江理工大学举行。本届比赛也作为 2008 年全国赛的选拔赛。全省 28 所学校，共 140 支队伍，420 名大学生参加了此次竞赛。

第六届浙江省大学生机械设计竞赛于 2009 年 5 月在杭州电子科技大学举行。竞赛题目是设计并制作"凌空采果"机器人，提交机械设计资料，参加理论设计答辩，参加实物竞赛，能够完成一组竞赛规定的采摘动作。要求在规定的 8min 内完成一组竞赛规定的采摘动作，时间越短，采摘越多，则得分越高。来自省内 33 所高校的 136 支队伍参加了竞赛。

第七届浙江省大学生机械设计竞赛暨第四届全国大学生机械创新设计竞赛选拔赛于 2010 年 5 月在宁波大学举行。本次大赛采用"自选题"的方式，分作品展示及入围作品答辩两个阶段。所有参赛作品要求紧扣全国竞赛"珍爱生命，奉献社会"的主题，围绕"在突发灾难中，用于救援、破障、逃生、避难的机械产品的创新设计与制作"的具体内涵。全省 38 所高等院校的 197 支决赛队伍参加比赛，经过激烈的角逐和专家组的评议，共评出本科组一等奖 11 个，二等奖 32 个，三等奖 55 个；专科组一等奖 3 个，二等奖 10 个，三等奖 17 个；大赛优秀组织奖 6 个。

第八届浙江省大学生机械设计竞赛于 2011 年 9 月在浙江机电职业技术学院举行。竞赛题目是设计并制作"抗灾救援"机器人，提交机械设计资料，参加理论设计答辩，参加实物竞赛。来自省内 43 所高校的 180 支（其中本科组 148 支、专科组 32 支）队伍参加了竞赛。竞赛评出本科组一等奖 8 项、二等奖 22 项、三等奖 38 项；专科组一等奖 2 项、二等奖 6 项、三等奖 9 项。

第九届浙江省大学生机械设计竞赛暨第五届全国大学生机械创新设计竞赛选拔赛于 2012 年 4 月在金华职业技术学院举行。本届竞赛的主题、内容与全国竞赛相同。全省共有 44 所学校的 270 支队伍参赛（其中本科组 209 支、专科组 61 支），经过竞赛专家委员会的认真评阅和审定，共评选出本科组一等奖 20 项、二等奖 38 项、三等奖 53 项，专科组一等奖 7 项、二等奖 8 项、三等奖 16 项。

浙江省大学生机械设计竞赛每年一次，而全国机械创新设计竞赛是两年一次。为了与全国机械创新设计竞赛相适应，在没有全国机械创新设计竞赛的年份，浙江省的机械设计竞赛采用命题竞赛的方式，各参赛队按照具体题目的要求提交设计资料，参加理论设计答辩和实物竞赛，确保实物样机能完成竞赛规定的动作。在有全国机械创新设计竞赛的年份，浙江省的机械设计竞赛作为全国赛的选拔赛，竞赛要求与全国赛一致。

近些年，全国各级、各类竞赛不断推出，如全国大学生工程训练综合能力竞赛、全国职业院校技能大赛等，其中有不少都涉及到机械创新设计的具体内容。

第三节　机械创新设计实训的途径与方式

机械创新设计实训课程开设的途径应与学校的实际情况相适应。对于硬件条件好、教师数量足够、实训经费充足的学校，可以将实训列入专业教学计划，作为必修课全面展开；对于一时软、硬件条件跟不上，或者一些近机类专业，可以通过设置选修课开设。先让一些机械基础好、积极性高的同学参加进来，摸索经验，等取得一定效果后再逐步推开。

考虑到机械创新设计实训通常包含了主题产品、理论方案、机械结构和实物样机等内容，要全过程进行实训所需要的学时量还是很大的，所以机械创新设计实训不可能全部用课内学时来完成。另外，主题产品、原理方案的构思、机械结构的确定等都需要有一个较长的思考、分析和比较过程，不可能通过集中时间的突击就可以完成。所以机械创新设计实训应采用课内与课外相结合的方式来进行。课内作一些集中讲解，包括介绍针对主题的理解、理论方案的表达形式、典型的创新设计实例和实用新型专利、相关的科技期刊和资料等。至于具体的资料收集、设计构思、材料采购和样机制作可以安排在课外进行，比如运用双休日工程、第二课堂等。当教学时间受限制时，机械创新设计实训也可以先选择其主题产品、理论方案、机械结构和实物样机中的一部分进行实训。如只要求根据主题要求确定相适应的主题产品、完成满足功能要求的原理方案，或者在给定机构示意图的条件下要求完成相应的机械结构设计等。

为了培养工程实践过程中的团队意识和合作能力，在机械创新设计实训过程中，提倡以小组的形式完成实训任务，使大家有机会讨论设计构思方案，采用"头脑风暴法"提出各种奇思妙想，激发学生的兴趣和热情。

　　由于机械创新设计实训是在相对松散的环境下进行的，所以教师要加强课外的辅导与检查。若学生在设计中有需要，可以及时与教师讨论与研究。在每个阶段都要有相应的进度与成果要求。实训结束必需要提交规定的设计作品，如研究论文、设计说明书、虚拟装配实体、工作图、实物样机等。审核作品采用初审与终审两步，对初审不合格的作品要提出意见并要求修改，终审时要对所有的作品给出考核成绩。

第一章　明确创新设计的任务

实训教学不同于一般的课堂，是以培养学生具体实践能力为教学目标。而能力是指顺利完成某一活动所具备的个性心理特征，它总是与完成一定的活动相联系的。没有一个具体的工作任务、离开具体的创新实践活动是不可能完成教学目标的。所以开展机械创新设计实训，首先要有符合教学实际又能体现创新能力培养的训练任务。借助创新设计任务的引领开展教学是创新能力培养的重要特点。

第一节　创新设计的主题

机械设计是以获取具有所需特定功能的机械产品为目的，所以明确设计主题、深刻理解用户要求是开展创新设计活动的基础。分析近几年机械创新设计竞赛的题目会发现，竞赛题目主要有两种类型，一种是题型有具体的动作要求的竞技赛，另一种题型是只给出主题内容的主题赛。下面分别举例说明。

一、以具体动作要求为题的题型

这类题目要求所设计制作的作品在规定的时间里，能完成体现规定动作的工作任务，包括过桥、越障、爬楼梯、搬运货物、采摘果子等，通常还会对动力源、控制方式、尺寸、重量等作出一定的规定和限制。浙江省首届大学生机械设计竞赛题就是这种类型。

1. 题目

月球车设计。模仿月球车的基本功能和设计思路，设计可完成竞赛规定动作的月球车实物模型一台，完成理论方案设计和实物模型制作，参加现场竞赛。

2. 机械设计要求

1）月球车以收起机械臂计，其长度小于或等于300mm、宽度小于或等于300mm、高度小于或等于300mm，如图1-1所示。

2）月球车的驱动可采用各种形式的原动机，不允许使用人力直接驱动，若使用电动机驱动，其电源应为安全电源。

3）参赛月球车前进方式不限，拾取木块的方式和每次拾取木块的数量不限。

4）月球车的控制可采用有线或无线遥控方式，现场竞赛开始后，参赛者不得直接接触月球车。

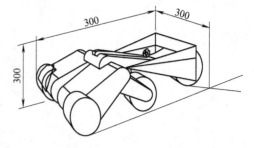

图1-1　月球车尺寸要求

3. 参赛作品提交的内容与形式

参赛作品提交包括理论方案和月球车实物模型。理论方案包括文字和图表等书面材料的《月球车设计理论方案书》。方案中的技术图样可用坐标纸草绘，也可用 AutoCAD 等绘图软件绘制并打印，并附在理论方案书后面。

4. 竞赛程序和规则

竞赛程序包括理论方案答辩和月球车实物模型竞赛，时间分别为 5min 和 10min，分别进行。月球车竞赛包括下列动作：

动作 a：月球车携带红旗翻越障碍，现场提供四种规格的障碍（不同直径的 PVC 塑料管），每种规格障碍的难度系数不同，各队自行选择其中一种完成动作即可。

动作 b：月球车将红旗插在指定地点的旗桩上并站立。

动作 c：月球车拾取蓝色木块放入指定基地区。

竞赛进行时，月球车机械如有故障可即时离场维修，维修后从起点开始恢复竞赛。

二、以主题内容为题的题型

这类题目通常没有具体的动作要求，只规定竞赛作品必须围绕主题内容进行。全国大学生机械创新设计竞赛题就属于这种类型。

1. 参赛内容

2010 年第四届全国大学生机械创新设计竞赛的主题为"珍爱生命，奉献社会"，内容为"在突发灾难中，用于救援、破障、逃生、避难的机械产品的设计与制作"。所有参加决赛的作品必须与竞赛的主题和内容相符，与主题和内容不符的作品不能参赛。

2. 参赛方式

参赛队学生按竞赛主题和内容的要求进行准备，最终完成作品的设计与工艺制作，并向各赛区组委会提交：①完整的设计说明书（包括纸质和电子文档），②作品的实物样机或缩小的实物样机，③介绍作品功能的视频录像（3min 之内）。

竞赛评委会通过审阅设计资料、观摩实物演示和进行作品答辩等程序，依据选题、设计、制作、现场等进行评分，并经评审委员会全体会议复审，最后确定竞赛获奖结果。

上述两种题型各有侧重。第一种题型由于动作要求明确、相关约束条件具体，便于参赛者快速入题，而且在实物竞赛期间，实现同一动作会出现多种方案多种结构，它们在完成动作任务过程中的展示与表现，可以使参与者互相启发，共同提高，极好地促进了对学生的原理方案、机械结构、实物样机的设计与制作能力的培养。第二种题型由于只给出了主题内容，所以涉及的面会非常宽泛；首先要求学生了解日常生活、关注社会需要，结合自身实际确定合适的具体作品方向（完成选题），在此基础上，再进行理论方案、机械结构和实物样机的设计与制作；相对而言，这种题型要求设计者能更自觉地了解现实社会，关心人类需求，充分发挥想象，提出适应于主题的具体作品，这有助于学生社会责任感、人文精神的培育。当然，第二种题型由于多了选题的训练内容，需要投入更多的时间与精力。

机械创新设计实训的选题可以根据具体学时和学生的实际情况来确定。有条件时，先进行第一类题目的训练，着力训练学生理论方案、机械结构和实物样机的设计与制作能力，在此基础上再进行符合主题内容要求的训练，这样逐步提升，效果会更好。

第二节　创新设计的活动流程

高职院校开展机械创新设计训练不同于工程实际中的创新实践。为了使整个活动有序进行，并能取得良好的效果，首先要明确创新设计训练活动的基本流程。机械创新设计实训活动的一般流程见表1-1。

表 1-1　机械创新设计实训的活动流程框图

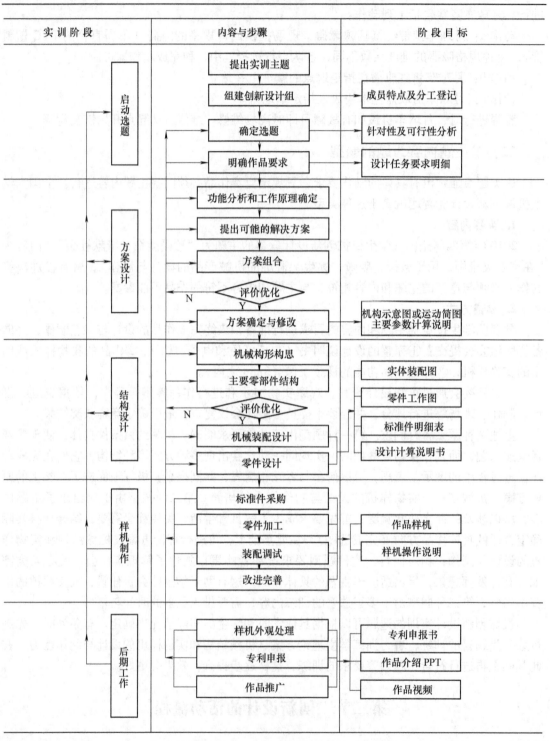

　　创新设计训练可以小组为单位进行。通过组建有兴趣、各有所长、相互默契、肯吃苦耐劳的设计小组团队，训练活动能更自觉、更有效地开展起来。训练小组的成员控制在 5 人以内为宜。另外，可以聘请 1~2 指导教师对整个过程进行指导。训练过程应设置必要的检查与交流环节，以帮助学生始终沿着正确、合理的路线开展活动。针对活动流程的每个阶段，都应对阶段目标进行检查，指出问题并及时纠正。有条件时也可以就方案设计、样机制作的阶段目标组织答辩交流，评出优秀作品，提出共同性的问题，使全体训练学生都能受到启发与提高。

第三节　设计主题的具体表达

　　社会需求是创新设计的基本动力。机械创新设计的结果应具有实用性，应能够满足社会的需求。所以，机械创新设计的实训内容一方面应考虑到培养学生创新素质的需要，另一方面还应注意培育学生针对社会需求开展创新设计的自觉性。拟订实训内容时应从社会需求出发，把人民群众最关心、最期盼的事情作为创新设计实训内容的选题范围，同时考虑到创新设计相关理论、方法的学习和应用的要求来进行选题。使实训课程既包含创新设计能力培养所必需的知识和方法学习，又使得整个学习训练活动具有更好的社会意义。

　　对于只给出设计主题的创新训练，首先遇到的是设计主题的具体表达，也就是如何确定符合主题要求的设计选题。由于成功的创新设计可以带来巨大的商业利益，这使得那些具有明显开发潜力的项目已经很少，这极大地增大了寻找机械创新设计选题的难度。所以选题工作将会是学生首先遇到的难题。然而，创新设计中的选题具有非常重要的地位，它直接关系到设计和作品的创新性，同时选题实践的本身也是一个创造性的思维过程，培养学生自主选题的能力是创新能力培养的重要组成部分。爱因斯坦说过："提出一个问题往往比解决一个问题更重要，因为解决一个问题也许是一个数学上或实验上的技能而已，而提出新问题、新的可能性、从新的角度去看旧的问题却需要有创造性的想象力，而且标志着科学的真正进步。"指导教师不应代替学生去确定选题，如果设计题目由教师指定，则无疑失去了对学生创造性独立选题能力的训练环节，并且也使学生失去了发挥自身丰富想象力的机会。由于受应试教育的影响，目前学生普遍存在较强的依赖性，缺少自主观察和分析事物的能力，因此对自主选题往往是一筹莫展，不知从何处入手。根据这一实际情况，在机械创新设计中需要对学生自主选题能力进行培养，激发学生观察和分析周围事物的兴趣和获取各方面信息的能力。这里介绍几种有助于确定选题的途径。

　　发现并把握社会需求是确定机械创新设计选题的重要途径。我们在生活、学习中经常会遇到一些感觉"不方便"的情况，这也就预示着我们对某种事物存在"需求"，而这种需求还没有得到满足。如果针对这些"不方便"进行创新设计，既可以保证创新设计结果的新颖性，又可以保证它具有实用性。根据"不方便"确定创新设计选题是一种成功率较高的方法。美国人约瑟夫·格利登因这种"不方便"发明了有刺铁丝网。当时约瑟夫在一个牧场里当牧童，他常常一边放羊，一边看书。在他埋头读书时，牲口经常撞倒用木桩和铁丝围成的放牧栅栏，成群地跑到附近田里偷吃庄稼。牧场主对此事十分恼怒，威胁要将他辞掉。约瑟夫经过观察发现，羊很少跨越长满尖刺的蔷薇围栏。于是，他试着制作一种永不枯萎的人工蔷薇。把细铁丝剪成小段，然后缠在铁丝栅栏上。这样一来，想要偷吃庄稼的羊只好

"望网兴叹"了，约瑟夫再也不必担心被牧场主辞退了。因为他的这项发明很快就被牧场主看中，并合作办厂专门生产这种新的放牧栅栏，以满足其他牧场的需要，生意很是红火。

根据遇到的"意外"确定选题也是值得重视的途径。我们在生活、学习和其他实践活动中，经常会遇到些出乎意外的情况。这种意外情况说明实际情况中还存在一些未被我们认识的规律，从而使人们有机会去探索其中未知的规律。现在工业应用广泛的不锈钢就是从这种"意外"中发明的。享利·布雷尔利受英国政府军部兵工厂委托，研究武器的改进工作。那时，士兵用的步枪枪膛极易磨损，布雷尔利想发明一种不易磨损的合金钢。提出的很多合金钢的配方方案经过试验都无法达到预期效果。大量试验样品堆积在院子里，锈迹斑斑。人们在收拾这些废料时意外发现，其中一块废料闪闪发光，根本没有生锈。研究人员立刻对这块废料进行化验，发现钢中含有较多的铬元素。虽然没有找到耐磨钢，却意外地发明了不锈钢。

根据事物的关键弱点确定选题具有独辟蹊径的特点。事物总是在不断发展的，每件事物在发展过程中总存在限制其进一步发展的关键弱点，一旦发现这些关键弱点，利用自己的优势进行有针对性的工作，极有可能取得创新成果。汽车自动防抱死制动系统（ABS）的发明可以说是针对汽车制动系统发展的关键弱点开展创新活动的结果。作为制动系统其功能就是要能制动，使行驶中的汽车能及时地停下来。早期的汽车整个车身还是以木材料为主，行驶速度不超过 6.5km/h。汽车制动器的主要功能是尽快地给转动的车轴施加阻力，使其停止运转。随着车速的快速提升，人们发现这种直接快速制动车轮虽然不动了，可是在惯性作用下，车子依然会继续高速前行。由于车轮已经全部制动，转向也就不起作用，汽车失去控制，瞬间可能发生侧滑、行驶轨迹偏移和车身方向不受控制等危险状况。而汽车自动防抱死制动系统就是为了防止这种普通制动系统的弱点而发明的。它使车轮在制动时不被锁死，在 1s 内不停地制动、放松，让轮胎不在一个点上与地面摩擦，使轮胎抓地力接近最大理论值，制动效率达到 90% 以上，避免了在紧急制动时方向失控及车轮侧滑。自动防抱死制动系统被认为是行车安全历史上最重要的三大发明（另外两个是安全气囊与安全带）之一，为拯救生命和防止交通事故做出了重大贡献。

高职院校开展机械创新设计实训往往是在一、二年级的学生中进行的，这时学生普遍不具有较系统的机械专业知识，因此创新设计的选题不能过于专业化。另外由于设计训练的时间所限，所选的课题工作量也不宜太大。根据这些实际情况，创新设计的选题应定位在以大家所熟悉的常用机械为主，特别是那些大家感兴趣的而日常生活所需要的装置。为此，有些学校把创新设计限定在对现有机械的改进或发明新机械来解决日常生活或生产中的需要，并将设计选题类型分成如下四大类：

1）仿生类机构。如仿四足步行、两足步行、爬行、爬杆、飞行、游水等动物的机构，以实现基本的运动为主要设计目标。

2）健身类器械。现有的健身器械有相当一部分巧妙地利用了连杆机构，发动学生对现有健身器械进行观察和分析，从而可以构思出其他的器械。

3）日用车辆。如自行车、童车等是大家非常熟悉的，让学生对它们的功能和优缺点进行分析，并进一步改进或设计新式的产品。

4）日用器具。如炊具、清洁用具和家具等，不仅是贴近日常生活的机械产品，并且也与机械创新设计密切相关。通过这样分类，选题范围有了适当的收缩，训练目标较为清楚，有助于教学实施。

分析全国大学生机械创新设计竞赛选题，也许能给我们带来启示。第三届全国大学生机械创新设计竞赛的主题为"绿色与环境"，内容为"环保机械、环卫机械、厨卫机械三类机械产品的创新设计与制作"。第四届全国大学生机械创新设计竞赛的主题为"珍爱生命，奉献社会"，内容为"在突发灾难中，用于救援、破障、逃生、避难的机械产品的设计与制作"。第五届全国大学生机械创新设计竞赛的主题为"幸福生活——今天和明天"，内容为"休闲娱乐机械和家庭用机械的设计和制作"。在这三届比赛中，全国高校涌现出大量的优秀作品。表1-2、表1-3 和表1-4 所示作品分别是选自这三届全国决赛一等奖中的25 件作品，对照各届竞赛的设计主题要求，分析这些获奖作品名称中所反映出的创新设计内容，有助于开拓学生在创新设计训练中的选题思路。

表1-2 第三届全国大学生机械创新设计竞赛决赛一等奖作品选列

（大赛的主题为"绿色与环境"）

序号	作品名称	所在学校
1	废旧电池回收机	北京理工大学
2	废弃卫生筷再造铅笔机	东北林业大学
3	饮料瓶易拉罐有偿回收机	齐齐哈尔大学
4	太阳能停车场门禁系统	华中科技大学
5	喷涂包树机	长春理工大学
6	水葫芦等浮生植物快速打捞机	西北工业大学
7	水射流式清洗机器人	浙江大学
8	蜘蛛侠——高楼玻璃幕墙清洗机器人	江西理工大学
9	自适应管道清洁机器人	东南大学
10	楼梯清扫机器人	哈尔滨工程大学
11	电线除冰器	北京印刷学院
12	人力除冰车	中国人民解放军装甲兵技术学院
13	"保时洁"——手推式清扫拖地车	南昌大学
14	新型高速公路护栏清洗装置	浙江大学
15	有压雪功能的小型扫雪机	清华大学
16	智能垃圾桶	哈尔滨工业大学
17	全自动家庭双面擦窗器	浙江机电职业技术学院
18	"飞水走壁"——游泳池壁清洗机	浙江科技学院
19	运动场馆座椅自动保洁机	同济大学
20	新型腰果剥壳机	武汉工程大学
21	多功能自动剥蒜机	温州大学
22	全自动杀鱼机	中国计量学院
23	筷子清洗消毒烘干排序整理机	浙江工业大学
24	自助式绿色餐盘清理机	湖南大学
25	自动包树机	浙江大学

表1-3 第四届全国大学生机械创新设计竞赛决赛一等奖作品选列
（大赛的主题为"珍爱生命，奉献社会"）

序号	作品名称	类别	所在学校
1	全地形地面仿行救灾车	救援	中国农业大学
2	新型多自由度可控机构式救援破障挖掘机	救援	广西大学
3	适应性调整轮径径式越障车轮	救援	中国矿业大学
4	便携式万向千斤移	救援	沈阳工业大学
5	螺旋爬升器	救援	华中科技大学
6	地震搜救机械蛇	救援	北京理工大学
7	（针对小直径）深井救援机器人	救援	浙江工业大学
8	多功能便携式担架	救援	温州大学
9	便携式多功能救援背包	救援	哈尔滨工业大学
10	自动触发式地震救生床	避难	浙江工业大学
11	燃气泄漏安全保护系统	避难	苏州市职业大学
12	汽车防误踩油门系统	避难	浙江机电职业技术学院
13	调幅式安全锯	破障	中国人民解放军军械工程学院
14	破障钳	破障	襄樊职业技术学院
15	架空输电线除冰机	破障	西南交通大学
16	高楼逃生滑动器	逃生	广西大学
17	新型双向缓降器	逃生	西安交通大学
18	高楼救援逃生装置	逃生	湖北职业技术学
19	滚珠阻尼高楼逃生器	逃生	福州大学
20	带状缓降逃生窗帘	逃生	长安大学
21	多功能逃生晾衣杆	逃生	浙江机电职业技术学院
22	逃生休闲椅	逃生	浙江水利水电专科学校
23	高空生命线——复合可控式脚踏逃生器	逃生	海军工程大学
24	公交空调车应急逃生窗与逃生门设计	逃生	天津理工大学
25	快速逃生防盗窗	逃生	太原理工大学

表1-4 第五届全国大学生机械创新设计竞赛决赛一等奖作品选列
（大赛的主题为"幸福生活——今天和明天"）

序号	作品名称	所在学校
1	智能变形舞蹈机器人	湘潭大学
2	双姿态可控娱乐车	中国人民解放军第二炮兵工程大学
3	自平衡双轮休闲车	汕头大学
4	跑步对抗机	中国人民解放军第二炮兵工程大学
5	休闲骑推多功能婴儿车	西南交通大学
6	三人万向娱乐休闲自行车	浙江工业大学

（续）

序号	作品名称	所在学校
7	便捷收放速滑鞋	深圳职业技术学院
8	健身娱乐益智跷跷板	浙江理工大学
9	圆周运动健身机	金华职业技术学院
10	全家乐——互动式组合娱乐器	天津职业技术师范大学
11	文化娱乐皮影机	浙江工业大学
12	趣味桌式足球机	东北大学
13	手推式绿篱修剪机	长春理工大学
14	温柔的小手——通用型螺口灯泡更换装卸器	杭州电子科技大学
15	家用多功能鞋柜	中国地质大学（武汉）
16	家用机械式组合清洁器	华中科技大学
17	吊扇擦得快	国防科学技术大学
18	全方位自适应新型擦鞋机	西南交通大学
19	环保型穿脱鞋套机	中南林业科技大学
20	家用轿车辅助泊车装置	天津工业大学
21	叠衣机	浙江大学
22	小型挤压式洗衣机	福州大学
23	多功能全自动储物柜	西南石油大学
24	全自动沏茶机	太原理工大学
25	新型智能窗	南京林业大学

第二章　机械原理方案创新设计

机械原理方案设计是指针对机械产品的主要功能提出原理性构思的过程，是设计者的创造性思维和劳动。机械产品的原理方案将直接影响产品的功能和使用性能，决定产品的成本、可靠性、安全性和市场竞争力。一个好的原理方案有时可以给产品带来质的飞跃。

原理方案创新设计处于产品设计的早期，对设计人员的约束最少，具有较大的创新空间，最能体现设计者的经验智慧和创造性。因此，原理方案设计被认为是设计过程中最重要、最关键、最具创造性的阶段。

第一节　机构原理方案的简图表达

在进行机械原理方案创新设计时，需要将设计构思及时进行记录和表达。因为设计者在处理复杂的空间结构和动作顺序中，为了理清各种信息，使设计构思顺畅地进行，需要及时记录构思结果；另外，为了使设计团队成员对设计对象能够建立起一致的理解，也需要对设计方案的表达有一个统一的约定。所以表达设计信息是创新设计的重要内容。

在创新设计过程中，设计者通常不是根据要求直接构思出完整的细节结构，而是首先确定功能要求，通过功能原理分析，选择合适的机构组合，然后进行结构细节设计，最终完成完整的机械结构。在设计的不同阶段，设计者针对关键问题进行设计构思，如某个特征、某个细节等，需要采用简单明了的简图表达方法，如机械系统运动简图、机构示意图和结构原理简图等。

一、机械系统运动简图

机械系统运动简图也称作机械系统功能原理图，用以表达机械系统运动的组成与功能。它是用简单线条和规定符号准确表达机构运动特征的简单图形。图中除了要表示出各执行构件间的真实运动关系外，还应表示出各执行构件间动作过程的次序和配合情况。各运动副的相对位置关系由尺度综合的结果确定。机械系统运动简图由组成机械系统对应机构的机构运动简图组合而成，如果在设计的某些阶段机构尺度综合没有完成或机构参数并未完全确定，则可用机械系统运动示意图来表达机械系统的基本功能。

常用构件和运动副的简图符号在国家标准 GB/T 4460—1984 中已有规定，表 2-1 给出了最常用的构件和运动副的简图符号。

表 2-1　最常用的构件和运动副的简图符号

名称	符　号	名称	符　号
固定构件		两副元素构件	

（续）

名称	符　号	名称	符　号
三副元素构件		棘轮机构	
转动副		外啮合圆柱齿轮机构	
移动副		内啮合圆柱齿轮机构	
平面高副		齿轮齿条机构	
螺旋副		锥齿轮机构	
偏心轮		蜗杆机构	
一般电动机		带传动	类型符号，标注在带的上方 V带　圆带　平带 ▽　　○　　—
装在支架上的电动机		链传动	类型符号，标注在轮轴连心线上方 滚子链# 齿形链 W
凸轮机构			

应特别注意，机械系统运动简图中的构件一般只用简单的线条表示，不需要反映构件的实际形状。事实上，在进行机械原理方案设计阶段，也不清楚构件的详细结构，所以也不可能画出构件的真正形状。因此，机构简图中所表达的一个构件，其形状是不确定的。图2-1a、b两种不同形状的构件都可用图2-1c的构件符号来表示。

所以在设计机构运动关系时，可暂不考虑构件和运动副的实际结构，只考虑与运动有关的构件数目、运动副类型及相对位置。先用简单线条和规定的符号表示构件和运动副，并按一定的比例确定运动副相对位置及与运动有关的尺寸。

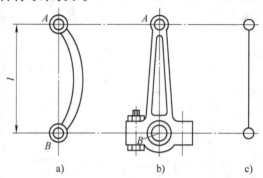

图2-1　两形状不同的构件有相同的符号

绘制机械系统运动简图时一般应坚持以下原则：

1）以最少的视图和图面表达机械系统的组成和功能，如果机械系统不能用一个图表达，则要把最重要的子系统（如执行机构）或功能复杂的子系统画在主投影图中。

2）先从执行子系统画起，并以最重要的执行机构为主线，接着绘制传动机构，最后绘制原动机。

3）为增强机械系统运动简图的可读性，可把功能相对独立的某些部分划分为多个子系统，在系统运动简图上仅用子系统模块图表示，另外附相应的子系统功能原理图。例如，对于较复杂的传动系统，可以直接绘制为有运动输入和输出的机械传动子系统。

对于大多数简单机械而言，用一个视图即可表达清楚机械的组成和功能。较复杂的机械系统用一个视图很难表达清楚时，可按需要增添视图；当用平面图不能表达清楚时，也可借助轴测投影方法用空间简图来表达。

图2-2所示为肥皂压花机机械系统运动简图，主要部分绘制在主投影平面中，为了反映凸轮机构的运动关系，增加了相应的补充视图。

图2-3所示为平台印刷机采用斜轴测投影方法绘制的空间机械运动示意图。原动件为电动机，通过齿轮机构（图中齿轮也可用节线表示）将运动和动力传递到分配轴。分配轴右端的曲柄通过连杆3使摆杆4（印头）摆动。摆杆4再通过连杆5使另一摆杆6摆动。摆杆6上装有构件7，构件7一端用移动副和摆杆6相连接，另一端装有墨辊8，由于弹簧的作用，摆杆6摆动时，构件7上的墨辊8压在工作台土来回滚动。分配轴中间有一凸轮，它使摆杆9作有规律的摆动，摆杆9通过空间连杆10使另一摆杆11摆动，摆杆11上装有棘爪12。摆杆11摆动时，棘爪推动构件13上的棘轮作间歇转动。

机构具有确定运动的条件是机构的原动件数目 W 等于机构的自由度数目 F，即 $W=F>0$。在分析现有机器或设计新机器时，需要考虑机构是否满足具有确定运动的条件，否则将导致机构组成原理的错误。图2-4a所示为简易冲床的方案，其 $F=0$，冲头4无法实现预期的运动。图2-4b给出了改进方案，在连接处 C 增加一滑块及一移动副，此时自由度 $F=1$，使设计方案合理。

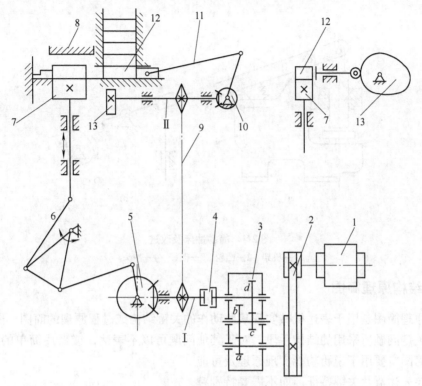

图 2-2　肥皂压花机机械系统运动简图

1—电动机　2—带传动　3—齿轮箱　4—离合器　5、10—锥齿轮　6、11—连杆
7—压头　8—固定块　9—链传动　12—肥皂　13—凸轮

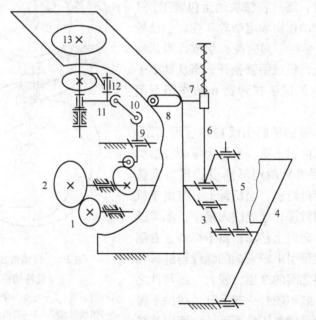

图 2-3　平台印刷机的机械运动示意图

1、2—齿轮　3、5、10—连杆　4、6、9、11—摆杆　7、13—构件　8—墨辊　12—棘爪

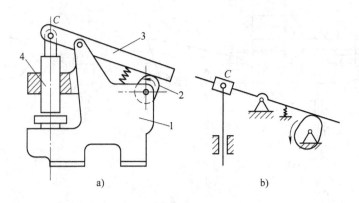

a)　　　　　　　　　　　b)

图 2-4　简易冲床及改进

1—机架　2—凸轮　3—摆杆　4—冲头

二、结构原理简图

结构原理简图是用于表达机械实现某些动作的关键结构或过程原理的简图。图中只需要表达针对关键问题所采用的结构手段，对于其他问题可以不表达，或者用简单的文字说明。结构原理简图主要用于说明功能实现原理及可能性，只需要表达清楚关键特征，而不需要特别精确和规范。

图 2-5 所示为巧克力糖果包装机的钳糖机械手及进、出糖机构的结构简图。送糖盘 4 与机械手作同步间歇回转，逐一将糖块送至包装工位 1上。机械手的开合动作由固定凸轮 8 控制，凸轮 8 的廓线是由两个半径不同的圆弧组成，当从动滚子在大半径弧上，机械手就张开；当从动滚子在小半径弧上时，机械手在弹簧 6 的作用下闭合。

图 2-6 所示为缝纫机的引线造环过程简图。机针左侧为长而深的引入槽，右侧为短而浅的引出槽，缝纫机利用机针两侧不同引线槽实现造环。缝线随机针穿过缝料，当机针上升时由于机针上左侧的引入槽较深，缝线嵌入槽中，不与缝料接触，随机针一起向上移动；由于机针上右侧的引出槽较浅，位于引出槽一侧的缝线与缝料相接触，缝线与缝料之间的摩擦力较大，线与针之间的摩擦力较小，线不随针一起上升。线的下段端被针托起，上端受缝料压住不动，中间向外扩大，形成环形。

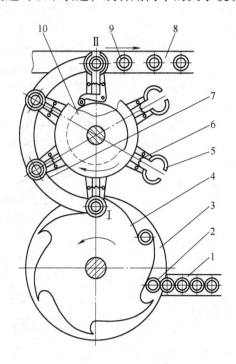

图 2-5　钳糖机械手及进、出糖

机构的结构简图

1—输料带　2—巧克力糖　3—托盘　4—送糖盘

5—钳糖机械手　6—弹簧　7—托板　8—输送带

9—成品　10—机械手开合凸轮

Ⅰ—包装工位　Ⅱ—出料工位

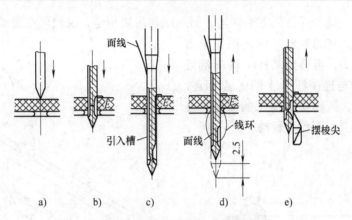

图 2-6　缝纫机的引线造环过程简图

a)、b) 穿透缝料　c)、d) 引线　e) 造环

第二节　典型功能的机构实现

研究机构设计的过程可以发现，一般先根据执行构件的动作要求确定合适的执行机构，然后再由原动机的工作位置和运动形式确定运动传递与转换的传动机构。所以，熟悉各种常用机构，了解其结构特征、设计要点等，对于机械创新构思来说是十分必要的。为了做到实用和快捷，本教材特将一些功能独特、构思巧妙的机构进行收集与整理，对其结构组成、工作原理、设计应用等方面作了必要的介绍。期待读者在学习与应用的过程中，能够触类旁通、举一反三。

一、轨迹生成机构

1. 四杆直线轨迹生成机构 1（见图 2-7）

当曲柄 1 回转时，连杆 2 上 M 点所描出轨迹的 m-m 段为近似直线。机构的几何条件为

$$AB = 1$$

$$AD = 2$$

$$BC = CM = CD = 2.5$$

2. 四杆直线轨迹生成机构 2（见图 2-8）

当曲柄 1 回转时，滑块 3 沿导路 c-c 移动，连杆 2 上 D 点则描出与 c-c 垂直的近似直线轨迹 d-d。机构的几何条件为

$$BC = 4AB$$

$$BD = 7.1AB$$

$$CD = 5.25AB$$

$$a = 3.25AB$$

3. 曲柄和垂直运动机构（见图 2-9）

图 2-9 所示机构是使连杆下端 C 点完成垂直运动的曲柄连杆机构。

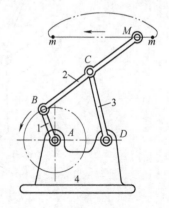

图 2-7　四杆直线轨迹生成机构 1

1—曲柄　2—连杆　3—摇杆

4—机架

连接杆 X 的一端与连杆的下端相连，另一端与滑块相连，滑块可在滑动导轨中沿水平方向滑动。此外，在曲柄轮的轴 A 的正下方设一个固定支点 D，再将连结杆 Y 的一端连在 D 点，另一端与连接杆 X 上的 E 点相连。当 $EC = FC/2$ 时，则随着曲柄轮的旋转，连杆下端点 C 就作上、下垂直运动。

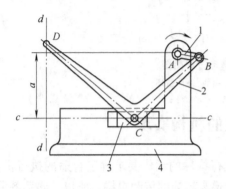

图 2-8　四杆直线轨迹生成机构 2

1—曲柄　2—连杆　3—滑块　4—机架

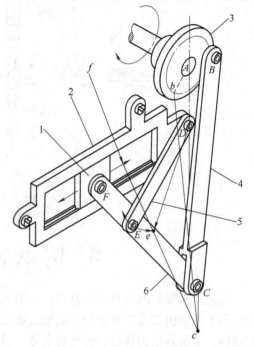

图 2-9　曲柄和垂直运动机构

1—滑块　2—滑动导轨　3—曲柄轮　4—连杆

5—连接杆 Y　6—连接杆 X

4. 由蜗杆副组成的往复运动机构（见图 2-10）

利用普通的曲柄连杆机构实现往复运动时，运动是在与驱动轴相垂直的平面内进行的。图 2-10 所示为利用蜗杆机构在驱动轴轴向平面内产生往复运动的机构。蜗杆与驱动轴以滑键形式连接，蜗杆既可回转又可滑动。

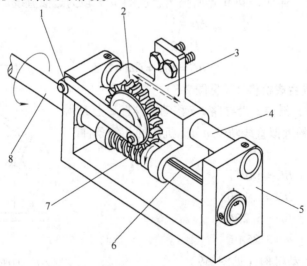

图 2-10　往复运动机构

1—连杆　2—蜗轮　3—往复运动　4—滑动导向杆（固定）　5—机体　6—键槽　7—蜗杆　8—主动轴

5. 双齿条式往复移动机构（见图 2-11）

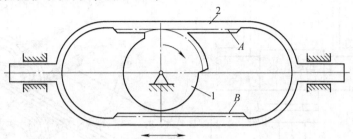

图 2-11　双齿条式往复移动机构
1—不完全齿轮　2—齿条

当不完全齿轮 1 做顺时针转动时，它的轮齿与齿条 2 上部的齿条 A 部相啮合，从而使齿条 2 向右移动。当不完全齿轮 1 的轮齿与齿条 A 部分脱开啮合时，齿条 2 停歇。待不完全齿轮 1 的轮齿与齿条 B 部的齿啮合时，又带动齿条 2 向左移动。这样不完全齿轮 1 交替地与齿条 A、B 部相啮合，从而使齿条 2 作往复的间歇运动。

二、物料送进机构

1. 摩擦式薄板送进机构（见图 2-12）

薄板叠放在储存器 2 中，弹簧 3 保持堆与储存器上部靠紧。偏心圆盘 1 由橡胶或毛毡制成，当其转动时，靠摩擦力将薄板从储存器中取出。挡板 4 用于调整出品缝隙的高度。

2. 钩式送料机构（见图 2-13）

经过人工几次送料冲裁后，将板料 1 送到钩子 2 的下方，并使钩子进入冲制孔内。进一步的送料工作便为自动的。当冲头 5 上升时，在弹簧 4 的作用下，使杠杆 3 转动一个角度，与杠杆 3 铰链的钩子 2 便拉动带料向前移动一个送料进程。当冲头下降冲压时，在杠杆 3 的作用下，钩子 2 返回向中部移动又进入另一个冲压孔内，准备下一步的送料动作。该机构适用于厚度 5mm 以上板料的自动送料。

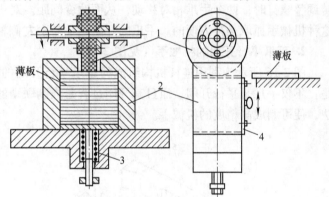

图 2-12　摩擦式薄板送进机构
1—偏心圆盘　2—存储器　3—弹簧　4—挡板

3. 板材的连续自动供料机构（见图 2-14）

图 2-14 所示为利用带式运输机实现板材连续自动供料的装置。将板材直接放在带式运输机上，向加工机械输送供料，其上重叠放置的板料靠在挡铁上而停止前进，处于等待状态，并用浮动压轮压在上面，使供料姿态不发生混乱。带式运输机的驱动电动机为电子控制的无级高速电动机。

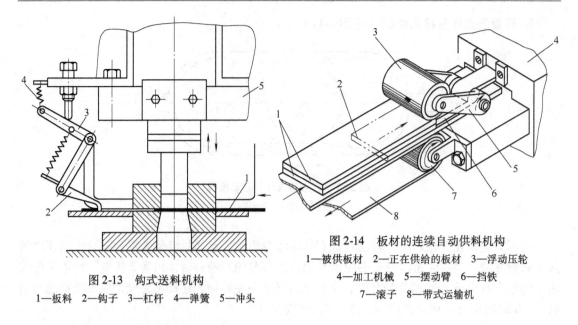

图 2-13　钩式送料机构

1—板料　2—钩子　3—杠杆　4—弹簧　5—冲头

图 2-14　板材的连续自动供料机构

1—被供板材　2—正在供给的板材　3—浮动压轮

4—加工机械　5—摆动臂　6—挡铁

7—滚子　8—带式运输机

三、夹持夹紧机构

1. 手爪间距可调的机械手（见图 2-15）

手爪牙的支点位于滑块上，滑块在燕尾导轨上的位置可由调整螺钉确定。调整螺钉的左右两端分别是螺距相同的左旋螺纹和右旋螺纹，两个滑块分别与两侧螺纹结合，因此，当旋转调整螺钉时，两个手爪相对移动，从而改变间距。对于外形相同、大小不同的零件，使用这种机械手抓取是很方便的。手爪的开闭运动是由左侧轴杆的轴向运动驱动的。

2. 手爪平行开闭的机械手（见图 2-16）

图 2-16 所示为利用连杆机构组成的手爪平行开闭的机械手。这种机械手最显著的特点是：不仅手爪是平行开闭，而且其开闭过程是强制联动的，若制造时采用重叠同时加工的方法，便可制成高精度的机械手。

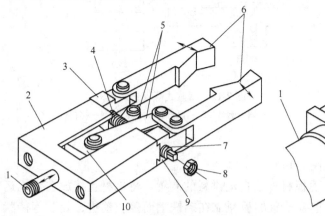

图 2-15　手爪间距可调的机械手

1—轴杆　2—主体　3—滑块　4—调整螺纹（左旋）

5—驱动手爪的连杆　6—手爪　7—调整螺纹（右旋）

8—锁紧螺母　9—滑块　10—滑动体

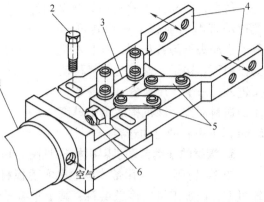

图 2-16　手爪平行开闭的机械手

1—气缸　2—限位螺钉　3—滑块体　4—手爪

5—平行运动的连杆　6—活塞杆

3. 弹性机械手（见图 2-17）

这种结构是在手爪内侧用螺钉固定弹簧板而形成的机械手，弹簧板可以两端固定，也可以一端固定，而另一端呈自由状态。

当使用弹性机械手时，由于夹紧过程具有弹性，所以可避免易损零件被抓伤、变形和破损。

4. 使用小齿轮使手爪开闭的机械手（见图 2-18）

图 2-18 所示为一种使用小齿轮使手爪开闭的机构手。与使用连杆机构相比，这种机械手的特点在于手爪的开闭角度较大。此外，其夹紧力可以设计得较大。

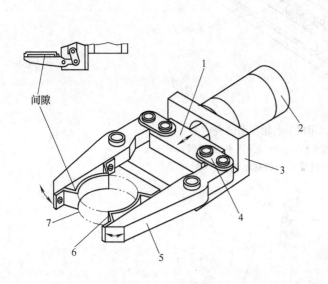

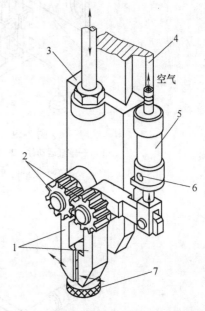

图 2-17　弹性机械手
1—驱动板　2—气缸　3—支架　4—连杆
5—手爪　6—弹性爪　7—零件

图 2-18　使用小齿轮使手爪开闭的机械手
1—手爪(A)、(B)　2—小齿轮(A)、(B)　3—燕尾
导轨(B)　4—燕尾导轨(A)　5—弹簧复位式
小气缸　6—排气孔　7—被输送的零件

5. 利用槽形凸轮驱动的机械手（见图 2-19）

在一个气缸上安装槽形凸轮装置，使手爪完成水平及垂直运动，把零件从高处送往低处。如果把实现手爪垂直运动的相应原凸轮槽做成垂直的，则手爪将出现实然下落现象，而且，手爪也不能返回。所以，应使这部分凸轮槽具有适当的斜角。该机构可以省去手爪的驱动机构。设计时应注意使滚轮与凸轮槽配合工作，并将槽口及滚轮淬火，以减小槽口的磨损。

6. 利用齿轮的自转和公转运动构成的机械手（见图 2-20）

在 L 形的转臂上有一个能转动的锥齿轮 A，在机体上有一个固定的锥齿轮 B，两个齿轮相互啮合。将一个小齿轮固定在 L 形转臂上，而使其能绕固定锥齿轮 B 的轴线旋转，利用气缸通过齿条使小齿轮转动，则锥齿轮 A 将以锥齿轮 B 为中心，既作自转又作公转运动。

当锥齿轮 A、B 的齿数比为 1:1 时，自转角与公转角相等。

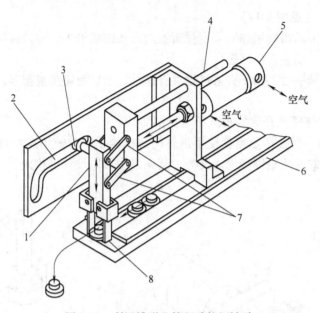

图 2-19　利用槽形凸轮驱动的机械手

1—垂直运动件　2—槽形凸轮　3—滚轮　4—防止转动的杆轴

5—驱动气缸　6—料道　7—垂直运动连杆　8—手爪

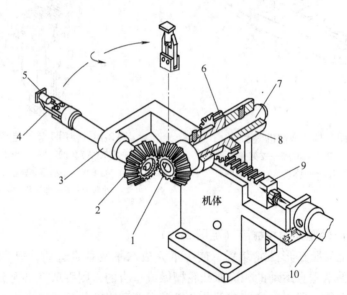

图 2-20　利用齿轮的自转和公转运动构成的机械手

1—锥齿轮 B　2—锥齿轮 A　3—L 形转臂　4—手爪　5—被送的零件

6—小齿轮　7—固定轴　8—固定轴的支承　9—齿条　10—气缸

四、伸展机构

1. 凸轮移动行程放大机构（见图 2-21）

利用凸轮机构试图获取大运动距离时，人们常常认为要有较大的结构空间，不然就要求有很大的凸轮机构。这时，作为解决措施可以采用如图 2-21 所示的机构。

与平板凸轮相关的轴销带动滑杆左右移动，移动距离为凸轮升程 x_1，滑杆上装有可摆动的扇形齿轮，扇形齿轮与齿条相啮合，由于滑杆的移动将使扇形齿轮摆动，因此，凸轮引起的移动将使扇形齿轮另一侧的臂杆摆动，摆动距离 x_2 将按杆长与齿轮半径之比放大。

2. 增加滑块行程（4 倍）的齿条机构（见图 2-22）

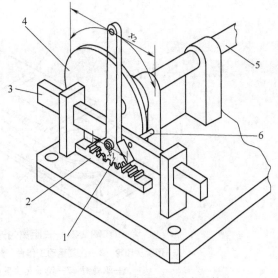

齿条 3、6 固定在机架 8 上，齿条 4、7 可沿导路移动。齿轮 2 安装在滑块 1 上并与齿条 3、4 相啮合，齿轮 5 安装在齿条 4 的右端并与齿条 6、7 相啮合。当滑块 1 移动时，齿轮 2 使齿条 4 的行程加倍，齿轮 5 使齿条 7 的行程加倍，即齿条（滑块）7 的行程长度增加到 4 倍。如滑块 1 移动 20mm，则齿条 4 的行程为 40mm，而齿条（滑块）7 的行程为 80mm。

图 2-21　凸轮移动行程放大机构

1—扇形齿轮　2—齿条　3—滑杆　4—平板
驱动凸轮　5—凸轮轴　6—轴销

3. 增大行程的曲柄滑块机构（见图 2-23）

曲柄 1 转动时，齿轮 3 沿固定齿条 4 往复滚动，齿条 5 的行程为 $H = 4r_1$。

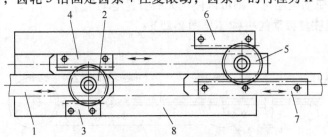

图 2-22　增加滑块行程的齿条机构

1—滑块　2、5—齿轮　3、4、6、7—齿条　8—机架

如齿轮 3 改用节圆半径为 r_3、r_3' 的双联齿轮 3、3′，并以 3′ 和 5 啮合，则齿条 5 的行程为 $H = 2\left(1 + \dfrac{r_3'}{r_3}\right)r_1$，当 $r_3 > r_3'$ 时，$H > 4r_1$。

4. 长距离匀速往复运动机构（见图 2-24）

曲柄滑块机构是最常见的往复机构。但是，如果往复距离很长，比如 1m 或者 2m，那么，曲柄滑块机构就不能胜任了。

图 2-24 所示的往复运动机构，是在两根轴间安装带或链作为传动机构。虽然其

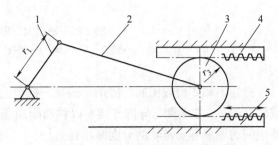

图 2-23　增大行程的曲柄滑块机构

1、2—曲柄　3—齿轮　4—固定齿条　5—齿条

往复运动距离并非毫无限制，但是，完全可以设计得相当大。

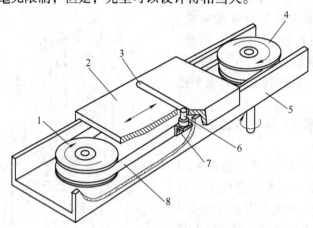

图 2-24　长距离匀速往复运动机构

1—张紧从动轮　2—往复运动工作台　3—滑动长孔　4—驱动轮　5—导轨

6—驱动销　7—销子支承座　8—传动带（或链条）

在带或链外侧的某个部位安装一个销子支承座，驱动销与往复运动工作台上的滑动长孔相配合，带动往复运动工作台作往复运动。

本装置的特点是：不但往复运动距离可以很大，而且往复运动两端的减速和加速运动是相当平稳的。至于驱动电动机，则可以使用无级变速电动机。

5. 输出大行程往复移动的机构（见图 2-25）

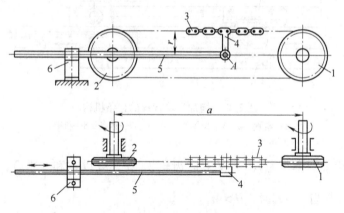

图 2-25　输出大行程往复移动的机构

1、2—链轮　3—链条　4—拨杆　5—从动滑杆　6—导向支架

链轮 1 和 2 齿数相同，链条 3 的某一链节上装着拨杆 4。从动滑杆 5 的右端与拨杆 4 组成转动副 A，左端则与导向支架 6 以移动副相连。链传动的中心距为 a，铰链点 A 到链条中心线间的距离等于链轮的分度圆半径 r。

当主动链轮 1 等速转动时，从动滑杆 5 获得等速往复移动，其行程长度等于链传动的中心距 a。在拨杆 4 绕过链轮期间，从动滑杆 5 静止不动。

6. 利用小压力角获得大升程的凸轮（见图 2-26）

在凸轮轴 2 上套着一个可沿轴向滑动的端面凸轮，借助键连接传递回转运动。端面凸轮的上端与从动滚轮相靠，下端则与固定滚轮相接触，当凸轮转动时，从动滚轮的上升行程为两项行程之和，一项是与之相接触的端面凸轮的升程，另一项是由固定滚轮的作用而使端面凸轮本身在轴向方向的上升行程，从而可以获得较大的上升行程。

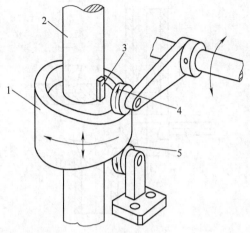

这种装置在快速上升过程中将相应产生很大的转矩，随着压力角的加大，摩擦阻力也急剧增加。因此，采用这种将压力角分解在凸轮两端面上的方法，就可以提高机构的工作效率。设计时应充分考虑零件的磨损及强度，要留有充足的余量。

图 2-26　利用小压力角获得大升程的凸轮
1—凸轮　2—凸轮轴　3—键　4—从动滚轮
5—固定滚轮

五、分拣机构

1. 钩式上料机（见图 2-27）

在转盘 2 上装有许多轮辐钩子 3，钩子是顺着旋转方向安装的，因此当转盘 2 旋转时，工件 1 就会被钩住向上提升，然后从钩子上自由落入滑道 4 中。这种机构适用于管状或环状工件。

2. 离心式圆柱形工件供料器（见图 2-28）

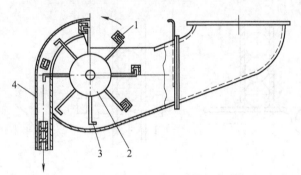

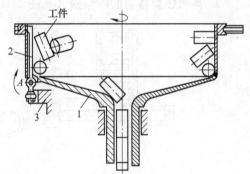

图 2-27　钩式上料机
1—工件　2—转盘　3—轮辐钩子　4—滑道

图 2-28　离心式圆柱形工件供料器
1—料斗　2—摆杆　3—固定凸轮

料斗 1 以适当的速度转动，装于其内的工件在离心力作用下移离中心并压到料斗的内壁上。与料斗铰接的摆杆 2 随料斗一起转动，当碰到固定凸轮 3 时，绕 A 点转动并将工件推向中心，其中部分工件将落入垂直通道中。

3. 圆锥形工件定向机构（见图 2-29）

在机构的平台 2 上开有一个带有挡边 a 的直槽，槽宽与工件的小端直径相对应。推杆 1 在连杆机构的带动下左右移动。当从料斗落下的工件小头朝下时，则刚好掉入槽中，推杆将其向右推，碰到挡边时工件翻转 180°，以大头朝下的姿态被抛入通道 3 中。当落下的工件大头朝下时，则不会掉入槽中，而推杆直接将其推入通道中。

4. 钢球分选装置（见图 2-30）

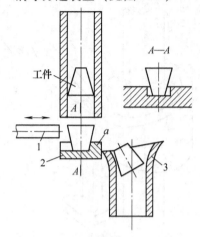

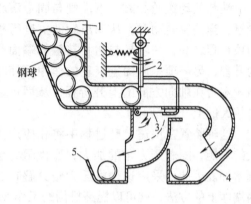

图 2-29　圆锥形工件定向机构

1—推杆　2—平台　3—通道

图 2-30　钢球分选装置

1—料斗　2—闸门　3—窗口挡板

4—合格品箱　5—废品箱

从料斗 1 送来的钢球若尺寸符合要求，则可通过闸门 2 一直向右滚到合格品箱 4 中。若尺寸大于要求，则滚至闸门处被卡住，但因钢球的冲击力使闸门向右摆而将窗口挡板 3 打开，于是钢球经窗口落到废品箱 5 中。

六、隔料器典型机构

1. 具有往复移动的隔料器（见图 2-31）

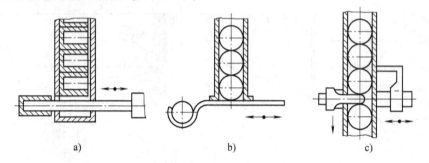

a)　　　　　　　b)　　　　　　　c)

图 2-31　具有往复移动的隔料器

2. 具有摇摆运动的隔料器（见图 2-32）

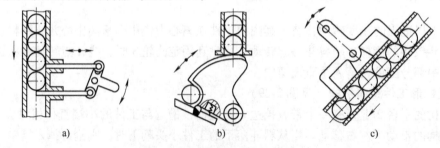

a)　　　　　　　b)　　　　　　　c)

图 2-32　具有摇摆运动的隔料器

3. 具有旋转运动的隔料器（见图 2-33）

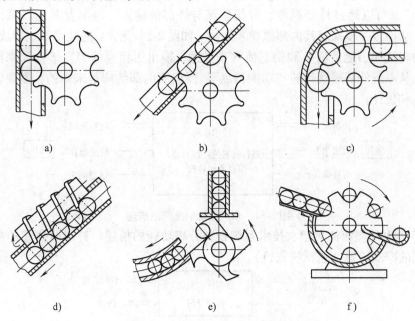

图 2-33　具有旋转运动的隔料器

第三节　机械的功能原理设计

机械功能原理设计的主要工作内容是构思确定实现功能目标的原理解。功能原理设计首先要通过调查、研究，确定符合当时技术发展的功能目标，然后进行创新构思，寻求新的原理解，并进行原理验证，确定方案及评价，最后选择一种较为合理的方案。

一、功能的描述

20 世纪 40 年代，美国工程师迈尔斯首先提出了"功能"的概念。他认为，顾客购买的不是产品本身，而是产品所具有的功能。功能实际上体现了用户的需要，功能是产品的核心和本质，而机械工作原理构思的关键是满足产品的功能要求。

功能是对某一机械装置或技术系统特定工作能力的抽象化描述，它和人们常用的功用、用途、性能和能力等概念既有联系又有区别。例如，洗衣机的用途是清洗衣物，而其功能是将衣物中的污垢从纤维中分离出来；电动机的用途是作原动机，如驱动水泵或机床，而其功能是能量转化——电能转化为机械能。

功能描述要准确、简洁、抓住本质，避免带有倾向性的提法，以减少方案构思时形成条条框框，使思路更为开阔。例如，在给新设计"钻"床的功能下定义时，不同的功能定义会产生出不同的设计方案。如果将功能定义为"钻孔"，那么就只能联想到钻床，其思路就很狭窄。如果表述为"打孔"，那么就可能联想到激光打孔机、钻床或冲床。如果再抽象一些，定义为"加工孔"，那么就有可能联想到激光打孔机、钻床、冲床、镗床、车床、线切割机、锻床、腐蚀设备等。

功能分析就是对未知机械装置或技术系统要达到结果的描述，并不说明如何达到结果。

功能分析可以用"黑箱法"来进行。对于一个复杂的未知系统，犹如不透明不知其内部结构的"黑箱"，可以通过外部观测，分析黑箱与外部的输入、输出及其他联系，了解其功能、特性，从而进一步探求其内部原理和结构。如图 2-34 所示，把技术系统看成一个黑箱，其输入用物料流 M、能量流 E 和信息流 S 来描述；输出用相应的 M′、E′、S′ 来描述。黑箱法只是描述从系统外部观察到的"功能特点"，而黑箱内部结构是未知的，需要设计者去进行具体构思和设计。

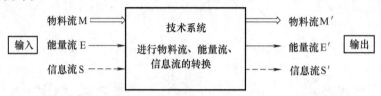

图 2-34　未知系统的黑箱法描述

图 2-35 是利用黑箱法对净衣技术系统物料分离功能的描述。针对所描述的功能可设计出各种原理的净衣装置（包括洗衣机）。

图 2-35　净衣技术系统功能的黑箱法描述

二、功能原理方案设计

功能原理方案设计的实质就是求解未知机械技术系统的"黑箱"，使之逐渐转变为明朗、清晰的"玻璃箱"，从而解决原理方案问题。功能原理方案设计包括功能原理分析、功能分解、功能元求解和功能原理方案确定等内容，就是求取一个最佳的功能系统的解，构成一个原理方案，实现所提出的创造目标，并满足周边的各种限制条件。

1. 功能原理分析

机械产品的功能目标确定后，经过功能分析和综合，就能针对产品的主要功能提出一些原理方案。例如，设计孔加工设备，总体原理方案可以是激光打孔、机械加工和腐蚀等，不同的作用原理和加工工艺会有不同的设备。另外，原理方案还与工艺过程以及执行元件有着密切关系，如针对机械加工孔，还可以是钻孔、冲孔、镗孔及拉孔等不同的工艺和加工设备。寻求作用原理，关键在于提出创新构思，使思维"发散"，力求提出较多的解法供比较、选择。

图 2-36 是根据"形成螺纹"的总功能要求，在机械加工的范围内形成的五种方案。图 2-36a、b 为车、铣加工，虽然按车削、铣削螺纹的原理都可以设计出切制螺纹的专用机床，结构会比普通机床有所简化，但仍需有工件装夹、旋转、刀架进给与快进等动作，最后设备结构仍较复杂，生产率不会提高很多；图 2-36c、d、e 为利用滚压加工进行搓丝，由于执行元件不同，会有不同的搓丝机方案。搓丝和送料的相对运动简单，使机构大大简化，而生产率、材料利用率都会有所提高。

再举洗衣机的例子，人工洗衣通常用手搓、脚踩、刷子刷、棒槌打、流水冲等方式除去衣物纤维中的污垢。如果模仿人手洗衣的动作，洗衣机将包括手臂、手指等由多杆机构组成的机械手来完成，那将非常复杂，而且刚性构件坚硬性对衣料的磨损也难以控制。然而，若采用水流与衣料相对运动的洗法，则可用简单的正转和反转的机械运动来实现，这是目前最常见的波轮式洗衣机的洗涤方式。如果思路再扩展一些，还可有电磁洗衣机，利用高频振荡使污垢与纤维分离；气流洗衣机，它利用空气泵产生气泡，气泡破裂时产生的能量能提高洗净度，同时气泡可使洗涤剂更好地分解；喷雾洗衣机，它是通过水往复循环形成的水雾来达到清洗衣物的目的；超声波洗衣机，衣物上的污垢在超声波作用下从纤维中分离出来。以上几种洗衣机的作用原理完全不同，但都达到了洗净的功能目标。总之，寻求作用原理是机械产品创新构思的重要阶段，这阶段要充分利用力学效应，流体效应，热力学效应，动力学效应，声、光、电、磁效应等，以便构思出先进而新颖的作用原理，使新产品不断涌现。

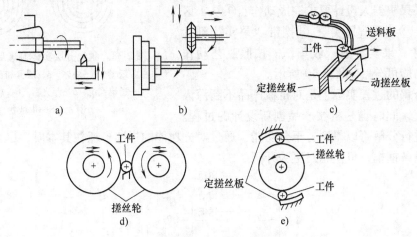

图 2-36　螺纹加工工作原理

2. 功能分解

　　机械产品和技术系统的总体功能称为总功能。一般技术系统都比较复杂，很难直接求得满足总功能的原理解。所以需要将总功能分解为比较简单的分功能，直至功能元，使每个分功能的输入量和输出量关系更为明确，以便通过各功能元解的有机组合求得技术系统的解。

　　功能分解可以按以下方法进行。

　　（1）按照解决问题的因果关系或目的的手段关系进行分解　图 2-37 所示为树状的功能结构，功能树起源于相当于总功能的树干，实现总功能这一目的所需要采用的全部手段功能构成一级分功能，这些分功能相当树枝。实现一级分功能目的的手段功能又构成了二级分功能，构成小树枝。如此分解，直到分解到可以直接求解的位于树枝末端的功能元为止。功能元是可以直接求解的功能系统最小组成单元。

　　（2）按照工艺过程的空间顺序或时间

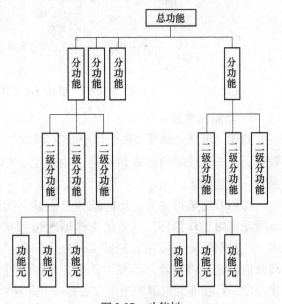

图 2-37　功能树

顺序来分解　图 2-38 所示为激光分层实体制造原理图。用激光对箔材（涂覆纸）进行切割，获得一个层面的形状，将层面叠加胶接起来获得三维实体。

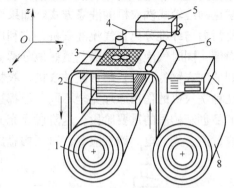

激光分层实体制造总功能为型层叠合，按照工艺动作的时间顺序可以将总功能分解成四个分功能，即形成纸型、纸型叠合、排烟和测控。在此基础上进一步对分功能进行运动分解，为功能元求解作准备。具体分解形成的功能树如图 2-39 所示。

凌空采果机器人设计要求完成动作：①从 1 区到达 2 区；②"采摘果实"；③携带"果实"到达某区；④将"果实"放入收集筐。按照工艺动作顺序，其功能可分解如图 2-40 所示。

图 2-38　激光分层实体制造原理图
1—收纸卷　2—块体　3—层框和正交小块
4—透镜系统　5—激光器　6—热压辊
7—计算机　8—供纸卷

功能分解的过程实际上是对机械产品不断深入认识的过程，同时也是机械产品创新设计的过程。对总功能进行分解可以得到若干分功能，通过对分功能的描述、抓住其本质，尽力避免功能求解时的条条框框，可使思路更为开阔。

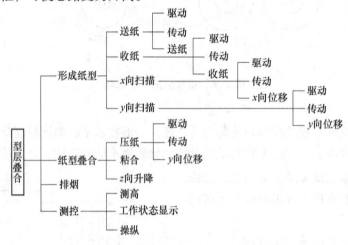

图 2-39　激光分层实体制造设备功能分析

3. 功能元求解

功能元求解是原理方案设计中的重要阶段，其目的是寻求完成分功能的作用原理和功能载体。功能元求解的基本思路可以描述为：功能元—作用原理—功能载体。

作用原理是指在某一功能载体上由某一物理效应实现某种功能的工作原理。这里的工作原理包括基础科学揭示的一般科学原理和应用研究证实的技术原理。分析应用物理效应理论并将其转化为技术原理，是创新发明的最基本途径之一。功能元求解的主要方法有以下几种：

（1）一般方法（传统方法）　一般方法包括：

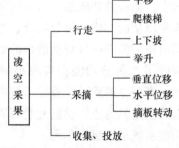

图 2-40　采果机器人功能分析

1）查阅文献资料。通过查阅有关书籍杂志、专利文献、图样档案以及竞争对手的产品说明书等，广泛获取相关信息，以对现行各种解的可能性作出较大范围的展望。

分析现有机械，对现有的相近产品进行结构组成分析和弱点分析。前者可以帮助设计者了解有关分功能及其物理效应，启发设计者找出创新解的原理；后者可以帮助设计者识别现有产品的缺点甚至错误，以便在新解中予以改进，有时还能促成新的解决原理的产生。

2）类比考察。将待开发对象与相近产品进行类比考察，了解系统特性并启发求解。另外，还可将技术系统与非技术系统进行类比考察，把自然界中的形状、结构、生物和过程特征转用于技术产物，以获得原理新颖的解。

3）模型试验。对于精密机械、微型机械和仪器仪表等，模型试验以及其他试验研究是设计者获取有用信息从而完成功能原理创新的重要手段。随着计算机的广泛使用，虚拟建模技术和仿真技术将在功能求解中发挥更大的作用。

在机械创新设计竞赛中，经常会遇到类似爬楼梯的功能实现问题。通过查阅相关资料可获得多种爬楼梯的功能实现方法。图2-41 ~ 图2-43所示的是几种设计竞赛中常见的爬楼梯机构。图2-41是星轮式机构，由中心轮、行星轮和转臂所组成，中心轮由电动机驱动。在平地上运动时（见图2-41a），转臂不转动，中心轮驱动行星轮，使轮子转动，从而带动整个机构前进；当车轮碰到障碍而停止不动时，中心轮驱动转臂转动，转臂带动整个机构绕被阻挡的车轮转动，实现翻越障碍或爬楼梯动作，这时机构就变成了行星轮系（见图2-41b）。

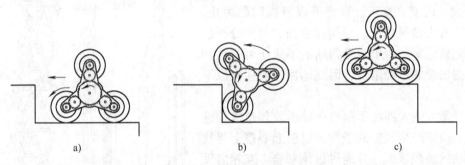

a)   b)   c)

图 2-41　星轮式爬楼梯机构

图2-42所示为履带式爬楼梯机构，采用驱动轮带动履带运转，实现前进运动。其前部采用单独的履带安装在一个可调整角度的支架上，根据楼梯的坡度自动调整，以便顺利进入爬坡状态。

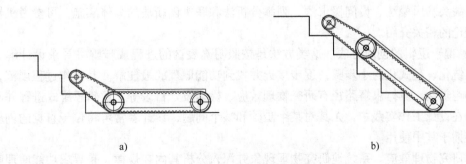

a)   b)

图 2-42　履带式爬楼梯机构

图 2-43 所示为波轮式爬楼梯机构，波轮圆周分为若干个波段的曲线，波轮每转过一个波段的角度，机构上或下一级台阶。波轮上的轮廓曲线经过特殊设计，可使上下楼梯时能平稳运行，不产生冲击。

图 2-44 所示为几种常见的举升机构。图 2-44a 所示的四边形举升机构由两对等长平行的杆组成，通过杆间的相对转动实现举升；图 2-44b 所示的滑槽式举升机构主要由截面尺寸相协调的多节滑槽组成，通过齿条、链或绳等实现滑槽的举升传动；图 2-44c 是由多个四边形组成的多棱形举升机构，通过丝杆、液压缸等实现伸展动作。三种机构各有特点，可针对不同的举升高度、载荷大小、使用场合等进行选用。

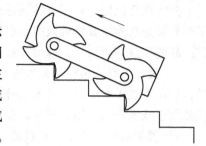

图 2-43　波轮式爬楼梯机构

（2）运用各种创新技法　人们在长期的创新实践活动中，总结出许许多多的创新技法。总体可以分两大类。

1）偏于直觉的创新方法。也可称为自由联想求解方法，主要依靠直觉、联想和经验等来寻找问题的解答。即通过一定时间的寻求和思考后，产生一个好的突发思想或一个暂不能追根求源的感晤；再经开发、改变、修正，直到可以解决问题为止。具体方法有头脑风暴法、设问探求法、列举分析法及联想创新法等。由于直觉判断的不完全可靠性和突发思想出现的不确定性，因此运用时要注意以下两点：

①这类方法大都在于制造一种激发创造能动性的氛围，构建产生联想的条件，以引起心理上寻找解决办法的强烈欲望，并通过思维联合、互相启发以及直觉判断等，找到解决问题的新途径。

②这类方法可应用于设计的前期阶段即概念设计阶段，帮助提出解决问题的新方法、新主意或新方案，但一般不能解决具体、详细的技术性问题，不能产生成熟的详细解。

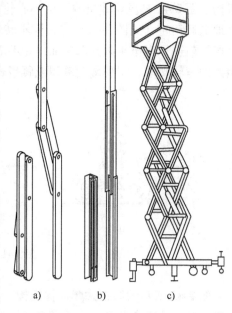

图 2-44　举升机构

有关头脑风暴法、设问探求法、列举分析法和联想创新法的具体实施，可参考机械创新设计理论的相关介绍。

2）偏于逻辑的创新方法。这类方法是按照明确表达的进程或步骤去寻求设计解。通过若干系统化、程式化的小步骤，逐步接近并找到功能原理的最佳解。其工作过程规范，具有较强的逻辑性。具体求解路径有研究物理效应、检索设计目录等。逻辑思维式进程并不排斥直觉，在设计工作实践中，尤其对某个步骤和某个问题，设计者常可将偏于直觉的创新构思方法穿插于其中使用。

①研究物理效应。系统地研究物理现象并深入分析其内在规律，是寻求功能原理解的重要手段。当某功能解的物理效应或决定它的物理关系式为已知时，通过分析有关物理量之间

的关系，可以导出多个不同的解。下面以毛细管粘度计的创新设计为例进行说明。

根据物理学原理，毛细管中流体的粘度 η 与压力差 Δp、毛细管直径 r、长度 l、流量 Q 之间存在物理关系：$\eta \sim \Delta p r^4 / (Ql)$，由此可以导出毛细管粘计四种解的变型：

利用压力差来衡量粘度的解，即 $\Delta p \sim \eta$（Q、r、l 皆为常数）；

利用毛细管直径改变来衡量粘度的解，即 $r \sim \eta$（Q、Δp、l 皆为常数）；

利用毛细管长度改变来衡量粘度的解，即 $l \sim \eta$（Δp、Q、r 皆为常数）；

利用流量改变来衡量粘度的解，即 $Q \sim \eta$（Δp、r、l 皆为常数）。

图 2-45 所示为对应于以上四种解的毛细管粘度计原理方案简图。

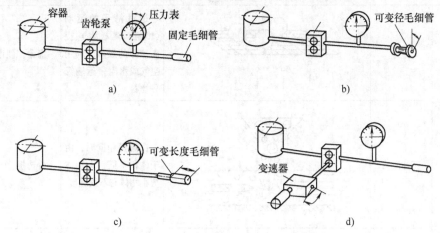

图 2-45　毛细管粘度计原理方案简图
a) 方案 I（$\Delta p \sim \eta$）　b) 方案 II（$r \sim \eta$）　c) 方案 III（$l \sim \eta$）　d) 方案 IV（$Q \sim \eta$）

有时会发现某一分功能解可由多个物理效应来完成。图 2-46 所示为纸张分页功能的多种原理方案。方案 a 是通过直接推动实现分页，方案 b 是利用摩擦轮实现分页，方案 c 利用离心力实现分页，方案 d 利用纸张本身重力实现分页，方案 e 通过粘接的方法实现分页，方案 f 利用吹气实现分页，方案 g 利用真空吸附实现分页，方案 h 利用静电力实现分页。

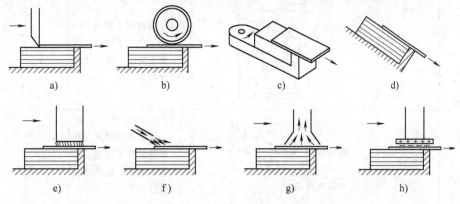

图 2-46　实现分页功能的原理方案

②检索设计目录。设计目录是一种设计信息库，它把设计过程中所需要的大量信息有规律地加以分类、排列和存储，以便于设计者查找和调用。信息内容包括功能要求、物理效

应、成熟的原理解、经过考验的功能载体，甚至通用零部件结构等。在计算机辅助自动化设计的专家系统和智能系统中，科学、完备的设计信息资料是解决问题的基本条件。设计目录不同于机械设计手册或标准手册，它主要是以表格的形式提供与设计方法学有关的分功能或功能元的原理解，如原理目录、对象目录、解法目录等。设计目录又称为知识库，各国科学家都做了大量的研究和编制工作，公开发表了许多不同应用范围的设计目录。固体与固体分离的部分原理解目录见表2-2。

表 2-2　固体与固体分离的部分原理解目录

分离特征	原理	原 理 图	备注	应用
大小	重力		通过筛子的运动（惯性、离心力）提高筛分的效率，利用空气或水附带运输筛分物料	筛分，硬币检测器
	流体阻力		在重量相同时，由于体积不同，大物体与小物体有不同速度	分选机
	离心力		同一转速 ω 下，物料的旋转半径 R_i 与 r_j 有关	离心机
重量	浮力		重量满足要求，在闭锁装置下滚过；重量不满足，被闭锁装置挡住	
	杠杆		重量满足要求，在闭锁装置下滚过；重量不满足，被闭锁装置挡住	
	离心力		重量满足要求，物体被甩出；重量不满足，物体停留在原位	离心机；旋分器；螺旋分选机

（续）

分离特征	原理	原　理　图	备注	应用
密度	浮力	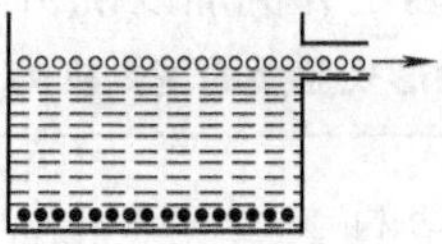	密度小的浮在上方而被分离	沉降分级；液流分级机；跳汰机选矿
	风力	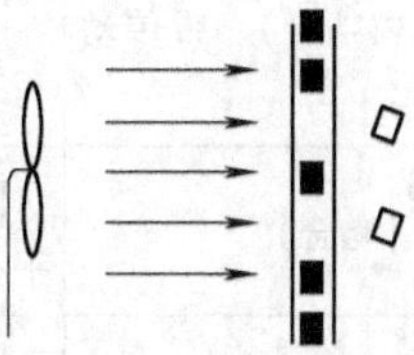	密度小的滑落，密度大的随输送带运动	空盒分检
摩擦因数	摩擦	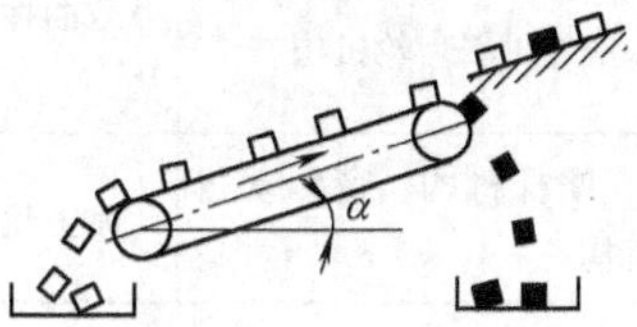	摩擦因数小，则滑掉；摩擦因数大，则随传送带运动	
导电性	库仑	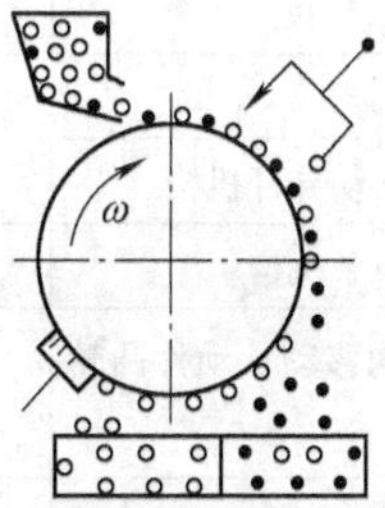	给各物体加上同号电荷，导电性差的物体仍附着在滚筒上；导电性好的物体变成与滚筒同号电荷，被排斥	电子滚筒分选机
磁化率	库仑	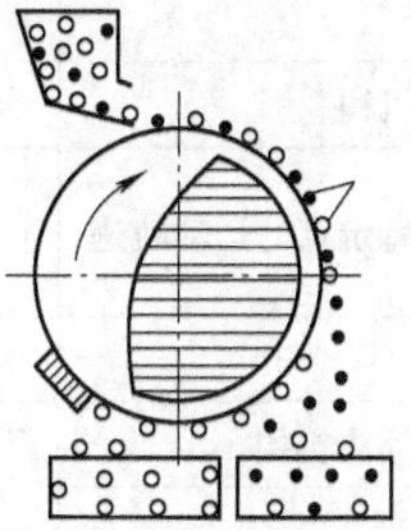	无磁性物料直接滑落，有磁性物料随滚筒转至挡块而下落	磁分选机选矿

　　如果将各类机构所能完成的基本功能加以整理，编排成方便查阅的表格，可以使设计者能够有方向、有步骤地寻找解决问题的办法。实现机械运动形式变换的基本机构见表2-3。

　　在寻找分功能作用原理和功能元载体时，对于某一分功能往往会有多种功能载体来实现。这时应根据具体的要求和实现条件进行比较，对实施可能性较小的原理解先予以剔除。

4. 功能原理方案确定

　　由于每个功能元的解有多个，因此组成机械的功能原理方案（也就是机械运动方案）可以有多个。形态学矩阵是用以处理多解组合问题的常用工具，它是以未知技术系统的功能元为列、功能元的各种解为行构成的矩阵。将每个功能元的一种解进行有机组合即构成一个系统解。根据形态学矩阵所确定的多种可行方案，经筛选、评价可以获得最佳的功能原理方案。下面以采果机器人行走功能原理方案的确定为例加以说明。

表 2-3　实现运动形式变换的基本机构

运动形式变换				基本机构	其他机构
原动运动	从动运动				
连续回转	连续回转	变向	平行轴 同向	圆柱齿轮机构（内啮合）、带传动机构、链传动机构	双曲柄机构、回转导杆机构
			平行轴 反向	圆柱齿轮机构（外啮合）	圆柱摩擦轮机构、交叉带传动机构、反平行四边形机构
			相交轴	锥齿轮机构	圆锥摩擦轮机构
			交错轴	蜗杆机构、交错轴斜齿轮机构	双曲柱面摩擦轮机构、半交叉带传动机构
		变速	减速/增速	齿轮机构、蜗杆机构、带传动机构、链传动机构	摩擦轮机构，绳、线传动机构
			变速	齿轮传动无级变速机构	塔轮带传动机构、塔轮链传动机构
	间歇回转			槽轮机构	不完全齿轮机构
	摆动	无急回性质		摆动从动件凸轮机构	曲柄摇杆机构
		有急回性质		曲柄摇杆机构、摆动导杆机构	摆动从动件凸轮机构
	移动	连续移动		螺旋机构、齿轮齿条机构	带、绳、线及链传动机构中的挠性件
		往复移动	无急回	对心曲柄滑块机构移动从动件凸轮机构	正弦机构、不完全齿轮齿条机构
			有急回	偏置曲柄滑块机构、移动从动件凸轮机构	
		间歇移动		不完全齿轮齿条机构	移动从动件凸轮机构
	平面复杂运动特定运动轨迹			连杆机构连杆上特定点的运动轨迹	
摆动	摆动			双摇杆机构	摩擦轮机构、齿轮机构
	移动			摆杆滑块机构、摇块机构	齿轮齿条机构
	间歇回转			棘轮机构	

根据功能分析，采果机器人行走功能可以分解成"平移"、"爬楼梯"、"上下坡"和"举伸"四个分功能。运用形态学矩阵可构思采果机器人行走机构的可行方案。

通过对各功能元求解，得出实现平移的功能载体有轮式、足式、履带式三种；爬楼梯的功能载体有星轮、波轮、双节履带、三节履带和撑杆五种；上、下坡的功能载体有滑块、轮和履带三种；实现举升的功能载体有四边形机构、伸缩杆机构和三节履带三种。由此列出采果机器人行走机构的形态学矩阵，见表2-4。因此，理论上可组合出 $3 \times 4 \times 3 \times 3 = 108$ 种方案。

表2-4　采果机器人机行走机构的形态学矩阵

分功能 \ 功能解	1	2	3	4
A. 平移	轮	足	履带	
B. 爬楼梯	星轮	波轮	双节履带	撑杆
C. 上下坡	滑板	轮	履带	
D. 举升	四杆	滑槽	多棱形	

通常根据形态学矩阵所得的可行方案数目很大，往往难以判断。对此可以通过动力来源、功能载体的相容性、设计与经验等的分析，删去不可行的方案或明显不合理的方案，选择较好的几个方案，再经评比、优化，最后选择出最佳的原理方案。

第四节　原理方案创新设计实例

一、多功能专用钻床传动系统的设计

1. 设计任务

设计一专用自动钻床，用来加工图2-47所示零件上的三个ϕ8mm孔，并能自动送料。

该钻床的总功能是加工孔。根据机械的功能要求和工作性质，选择机械的工作原理、工艺动作的运动方式和机构形式，从而拟订多功能专用钻床的传动系统。

2. 功能原理分析

首先确定钻孔工作原理，钻孔的工作原理就是利用钻头与工件间的相对回转和进给移动切除孔中的材料。完成钻孔功能有如下三种方案：

1）钻头既作回转切削，又作轴向进给运动，而放置工件的工作台静止不动，如图2-48a所示。

2）钻头只作回转切削，而工作台和工件作轴向进给运动，如图2-48b所示。

3）工件作回转运动，钻头作轴向进给运动，如图2-48c所示。

一般钻床多采用第一种方案，但本设计因工件很小，工作台很轻，移动工作台比同时移动三根钻轴简单，故采用第二种方案。第三方案因工件的安装结构设计要求较高，故较少采用。

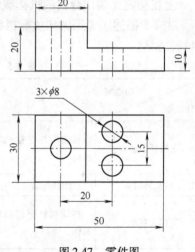

图2-47　零件图

其次是送料方案的确定，采用送料杆从工件料仓推送工件的方式，工件作间歇直线运动。

3. 功能分解与工艺动作分解

（1）功能分解　为实现多功能专用钻床的总功能，可将功能分解为送料功能、钻孔功能。

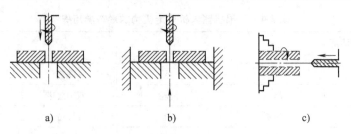

图 2-48　钻孔加工的运动方案
a) 方案Ⅰ　b) 方案Ⅱ　c) 方案Ⅲ

（2）工艺动作过程　机器的功能是多种多样的，但每一种机器都需按要求完成某些工艺动作，所以往往把总功能分解成一系列相对独立的工艺动作。本例专用钻床含有下列工艺动作过程：

1）送料杆做送料运动。包括快进、静止、快退。

2）刀具与工件间的切削运动。包括钻头转动、工作台上下往复移动。

图 2-49 所示为多功能专用钻床的树状功能图。

图 2-49　多功能专用钻床的树状功能图

4. 根据工作原理和运动形式的机构选择

上述功能元需用合适的机构载体来实现。功能元载体的求解可根据解法目录来找到。

表 2-5 描述了专用钻床执行机构的形态学矩阵。由表可见，可综合出 $64(N = 4 \times 4 \times 4 = 64)$ 种方案。

表 2-5　专用钻床执行机构的形态学矩阵

分功能 ＼ 功能解	1	2	3	4
送料杆移动 A	移动推杆圆柱凸轮机构	移动推杆盘形凸轮机构	曲柄滑块机构	六杆（带滑块）机构
钻头转动 B	双曲柄传动	链传动	齿轮传动	摆动针轮传动
工作台移动 C	移动推杆圆柱凸轮机构	移动推杆盘形凸轮机构	曲柄滑块机构	六杆（带滑块）机构

在确定执行机构的功能解的过程中，还必须考虑机械运动的传递、变换，包括运动的放大与缩小、形式转换、方向改变及合成分解等。要解决的问题如下：

1）选择原动机，分析原动机运动形式与执行构件运动形式之间的关系。

2）配置传动机构和执行机构。一个原动机往往要驱动几个执行构件动作，有的原动机靠近执行构件，可直接带动执行机构；有的原动机与执行构件相距较远，必须加入传动机构，并与执行机构相连接，才能把原动机的运动传递转换为执行构件的运动。

3）确定传动机构和执行机构的运动转换功能。

多功能专用钻床由一个原动机通过传动链来实现执行构件的预期运动。在原动机（电动机）与执行构件（刀具、工作台、送料机构）之间的运动链上，将需设置多级减速和转换机构，以适应执行机构的工艺动作要求。

5. 确定专用钻床机械运动原理方案

最后，根据是否满足预定的运动要求，运动链机构顺序安排是否合理，运动精确度、成本高低，是否满足环境、动力源、生产条件等限制条件，选择出较好的原理方案。多功能专用钻床的机械系统运动简图如图 2-50 所示。

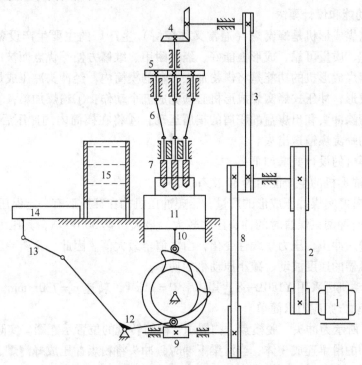

图 2-50　多功能专用钻床的机械系统运动简图

1—电动机　2、3、8—传动带　4—锥齿轮传动　5—圆柱齿轮传动　6—双万向节

7—钻头　9—蜗杆传动　10—凸轮机构　11—工作台　12—凸轮机构　13—连杆

14—送料杆　15—待加工工件

其机械传动的设计说明如下：

（1）切削运动链设计　能实现减速的传动有齿轮传动、链传动和带传动等。考虑到传动距离较远和速度较高等因素，决定采用 V 带传动来实现减速和远距离传动的功能。

能够实现变换运动轴线方向的传动有锥齿轮传动、相错轴斜齿轮传动和蜗杆传动等，考虑到两轴垂直相交和传动比较小，决定采用锥齿轮传动来实现变换运动轴线方向的功能。

为使三个钻头同向回转，可采用由一个中心齿轮带动周围三个从动齿轮的定轴轮系。由于结构尺寸的限制，三个从动齿轮轴线间的距离远大于三个钻头间的距离。为将三个从动齿轮的回转运动传递给三个钻头，可采用双万向联轴器或钢丝软轴，将上述所选机构经适当组合后，即可形成钻削运动链。

（2）进给运动链设计　采用直动推杆盘状凸轮机构作为执行机构较为合理。减速、换向可采用蜗杆传动，为达到很大的减速比和变换空间位置，在蜗杆传动之前可串接带传动。

（3）送料运动链设计　对送料运动链的功能要求与进给运动链基本相同，只是其往复运动的方向为水平，且运动行程较大。又因其减速比与进给运动链相同，故可由进给运动链中的蜗轮轴带动。由于送料运动规律较为复杂，故宜采用凸轮机构，又因其行程大，所以要采用连杆机构等进行行程放大。

二、冲压式蜂窝煤成形机的运动方案设计

1. 机器的功能和设计要求

冲压式蜂窝煤成形机是蜂窝煤（通常又称煤饼）生产厂的主要生产设备，这种设备由于具有结构合理、质量可靠、成形性能好、经久耐用、维修方便等优点而被广泛采用。

冲压式蜂窝煤成形机的功能是将煤粉加入转盘的模筒内，经冲头冲压成蜂窝煤。为了实现蜂窝煤冲压成形，冲压式蜂窝煤成形机必须完成五个动作：①粉煤加料；②冲头将蜂窝煤压制成形；③清除冲头和出煤盘的积屑的扫屑运动；④将在模筒内的冲压后的蜂窝煤脱模；⑤将冲压成形的蜂窝煤输送出去。

蜂窝煤成形机的设计要求如下：

1）蜂窝煤成形机的生产能力为 30 次/min。

2）为了改善蜂窝煤冲压成形的质量，希望冲压机构在冲压后有一定保压时间。

3）由于同时冲两只煤饼时的冲头压力较大，最大可达 50 000N，其压力变化近似认为在冲程的一半进入冲压，压力呈线性变化，由零值至最大值。因此，希望冲压机构具有增力功能，以减小机器的速度波动、减小原动机的功率。

4）驱动电动机可采用 Y180L—8，其功率 $P = 11kW$，转速 $n = 730r/min$。

5）机械运动方案应力求简单。

6）图 5-51 所示为冲头、脱模盘、扫屑刷、模筒转盘的位置示意图。实际上冲头与脱模盘都与上下移动的滑梁连成一体，当滑梁下冲时，冲头将粉煤冲压成蜂窝煤、脱模盘将已压成的蜂窝煤脱模。在滑梁上升过程中，扫屑刷将冲头和脱模盘粘着的粉煤刷除。模筒转盘上均布了模筒，转盘的间歇运动使加料后的模筒进入冲压位置、成形后的模筒进入脱模位置、空模筒进入加料位置。

2. 功能原理和工艺动作分解

根据上述分析，冲压式蜂窝煤成形机要求完成的工艺动作有以下六项：

（1）加料　这一动作可利用粉煤重力自动加料。

（2）冲压成形　要求冲头上下往复运动。

（3）脱模　要求脱模盘上、下往复运动，可以将它与冲头一起固结在上、下往复运动的滑梁上。

（4）扫屑　要求在冲头、脱模盘向上移动过程中完成。

（5）模筒转位　模筒转盘间歇转动以完成冲压、脱模、加料的转换。

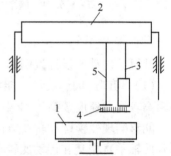

图 2-51　冲头、脱模盘、扫屑刷、
模筒转盘的位置示意图

1—模筒转盘　2—滑梁　3—冲头
4—扫屑刷　5—脱模盘

（6）输送　将成形脱模后的蜂窝煤落在输送带上送出成品。

图 2-52 所示为蜂窝煤成形机的树状功能图。

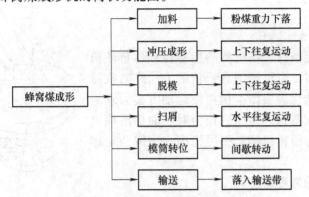

图 2-52　蜂窝煤成形机的树状功能图

3. 功能元载体的求解

上述六个动作中，加料和输送比较简单可以不必考虑，冲压和脱模可用一个机构来完成。因此，冲压式蜂窝煤成形机设计的功能元载体求解应重点考虑冲压和脱模机构、扫屑机构以及模筒转盘的间歇运动机构这三个机构的选型与设计问题。

根据冲头和脱模盘、模筒转盘、扫屑刷这些执行构件动作要求和结构特点，可以选择表2-6 所示的常用的机构，这一表格也就是蜂窝煤成形机三个执行机构的形态学矩阵。

表 2-6　蜂窝煤成形机执行机构的形态学矩阵

冲头和脱模盘机构	对心曲柄滑块机构	偏心曲柄滑块机构	六杆冲压机构
扫屑刷机构	附加滑块摇杆机构	固定移动凸轮移动从动件机构	
模筒转盘间歇运动机构	槽轮机构	不完全齿轮机构	凸轮式间歇运动机构

图 2-53a 所示为附加滑块摇杆机构，利用滑梁的上、下移动使摇杆 OB 上的扫屑刷摆动扫除冲头和胳漠盘底上的粉煤屑。图 2-53b 所示为固定移动凸轮，利用滑梁上、下移动使带有扫屑刷的移动从动件顶出，从而扫除残留在冲头和脱模盘底上的粉煤屑。

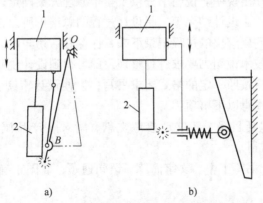

a)　　　　　　　　　　　b)

图 2-53　两种机构运动形式比较
1—滑梁　2—冲头

4. 机械运动方案的选择和评定

根据表2-6所示的三个执行构件的形态学矩阵，可以求出冲压式蜂窝煤成形机的机械运动方案数为

$$N = 3 \times 2 \times 3 = 18$$

现在可以按给定条件、各机构的相容性和尽量使机构简单等来选择方案；也可按综合评价的方法来对机械运动方案进行评估选优。根据本例机械运动方案力求简单的要求，选定的方案为：冲压机构为对心曲柄滑块机构，模筒转盘机构为槽轮机构，扫屑机构为固定凸轮移动从动件机构。

5. 画出机械运动方案简图

按已选定的三个执行机构的形式所组成的机械运动方案，画出机械运动示意图，如图2-54所示。其中包括了机械传动系统、三执行机构的组成。如果再加上加料机构和输送机构，就形成了完整的一台冲压式蜂窝煤成形机运动方案图。

6. 机械传动系统运动循环设计和执行机构的尺度计算

根据已确定的机械运动示意图，可以进行机构运动循环设计、电动机的选择、传动比的分解、各个传动进行几何尺寸计算和机构的尺寸及廓线形状设计。

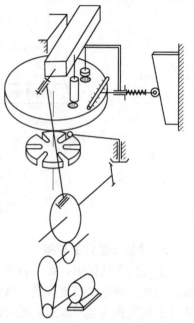

图 2-54　冲压式蜂窝煤成形机机械运动示意图

第五节　原理方案创新设计说明书

机械的原理方案设计是机械创新设计最重要的阶段之一，为了听取更多人的评价、帮助，有必要对原理方案设计及结果进行说明与整理。原理方案说明书就是围绕原理方案的确定，就设计任务、功能分析、机构选用、机械工作示意图、主要参数计算等内容，运用插图、文字、表格等形式作出说明。说明书提供了整个原理方案确定过程的设计思路、参数来源、数据计算、评价选优、设计结果等，是设计过程的总结。所以在设计开始时，就应将设计各个阶段任务完成和问题解决的过程记录下来，保存好一切与设计相关的记录稿纸。设计完成后，将记录稿纸按技术说明书要求进行整理，即可得到设计说明书。

设计说明书中内容应按照一定的格式要求书写，以便设计审阅者或设备使用人员查看。编写设计说明书时，应注意以下事项：

1）设计说明书应包括目录、正文、参考文献、附录（产品调查表、可行性报告、图样、程序等），并装订成册。

2）设计说明书要求书写工整、文字简练、语句通顺、简图正确清楚，尽量用工程术语表述设计结果。

3）说明书中所用数据、公式等应注明来源，应对参考资料进行编号。

4）说明书应编写必要的大小标题并编有页码。

5）说明书中应附加必要的插图（如尺度综合图）和表格（如方案评价表），写出简短的结果（如原动机或传动机构选择结果）。

原理方案设计说明书没有固定的格式，根据设计的重点不同，内容也有详细与简要之分。基本内容有：内容简介、方案设计、机构主要参数确定、存在的不足与改进、参考资料等。下面是"凌空采果"机器人原理方案设计说明书的格式，供参考。

一、内容简介

提出了用于高空采摘的机器人原理方案。通过具有转向功能的三节履带方式传动，实现前行、后退、上台阶、下坡、站立等功能……采用了可伸缩的举升机构。双向电动机转动，带动绕线滑轮实现钢丝绳的收紧，实现灵活上升与下降；合理地利用了机械的自锁功能，能在任意位置停留；本机构稳定性好，具有较好的刚性……（400～600 字以内）

二、设计依据

设计并制作一台简易采摘机器人，提交机械设计资料，参加理论设计答辩，参加实物竞赛，能够完成一组竞赛规定的采摘动作。

1. 原始数据及工作条件

场地地面采用木质地板，表面铺设喷绘广告布，场地尺寸为 4000mm×2000mm，出发区尺寸为 300mm×300mm，围板高度为 300mm。图中模拟树干的 PVC 管的直径为 φ90mm，高度为 1300mm；模拟树枝的 PVC 管（上面粘有一条窄的磁铁）的直径为 φ50mm，长度为 1000mm；模拟果实的乒乓球（上面粘有一小块磁铁）直径为 φ40mm，模拟收集筐的 PVC 管的直径分别为 φ50mm、φ75mm、φ90mm，高度为 300mm；其他尺寸如图所示。

2. 要求机器人能完成的动作（见图 0-1）

1）完成动作 1，即机器人（除操控部分）需从 1 区到达 2 区。

2）完成动作 2，即机器人"采摘果实"。

3）完成动作 3，即机器人从 2 区到达 3 区。

4）完成动作 4，即机器人将"果实"放入收集筐。

3. 其他要求

1）机器人在收缩状态时，其长宽高之和≤1000mm；展开状态时尺寸不限。

2）机器人重量不限，但应尽可能轻。

3）机器人造价不限，但应尽可能低。

4）机器人操控可采用线控或遥控方式；不建议机器人采用自动控制或智能控制。

5）机器人行进方式不限。

6）机器人驱动可采用各种形式的原动机，但不允许使用人力直接驱动；若使用电动机驱动，其电源应为安全电源。（注：动力设备自备，比赛现场仅提供 220V 交流电源）。

三、方案设计

1. 设计任务分析

（内容包括提出本机器人设计要解决的主要问题；机械装置主要应由几个部分组成；各机械装置的工作要求及相互间协调。）

2. 机器人功能分解

根据采果机器人设计要求完成动作及采果工艺动作顺序，其功能包括行走、采摘、收集、投放等。

行走：能完成行走、升降、转向、爬楼梯和下斜面站立等功能。

采摘：选用简单实用的机构进行果实采摘，方便灵活。

收集：完成将采获的果实集中在一起。

投放：能将果实投放到指定的地点。

其功能分析的树状图如下

……

3. 执行机构的原理方案确定（功能元载体的确定）

1）行走机构（包括机构的选用、基本组成、动作的实现过程、优缺点等）

2）举升机构……

3）采摘机构……

机器人的形态学矩阵表示为：……

4. 机器人功能原理方案确定及各机构工作的协调

通过对机器人动力来源、功能载体的相容性等的分析的情况，最后选择由履带1行走—滑槽2升降—拨板3采摘收集等机构组成的原理方案，如图2-55所示。

其工作过程说明如下：……

图2-55　机器人机构组成及运动示意图

四、执行机构主要参数确定

1. 行走机构主要参数确定

（包括三节履带的带轮中心距确定、带轮直径确定、宽度间距确定等）

2. 举升机构主要参数确定

（包括举升高度、单节升杆长度确定、升杆横截面尺寸确定等）

3. 采摘机构主要参数确定

（包括垂直伸出长度、水平伸出长度确定、果斗开口截面尺寸确定等）

……

五、存在的不足及改进

……

参 考 文 献

[1]　×××，×××. 可重构模块化机器人现状和发展 [J]. 机器人，2001，23（3）.

[2]　×××. 机器人技术基础 [M]. 哈尔滨：××××出版社，1996.

[3]　×××. 机器人机构学 [M]. 北京：××××出版社，1991.

第三章 机械结构创新设计

机械结构创新设计就是将抽象的机械工作原理转变成具体机械结构的过程。其成果包括三维装配造型、二维技术图样等，以提供制造、使用所需要的全部结构信息。在此过程中要兼顾各种技术、经济和社会要求，提出尽可能多的可能性方案，从中优选或归纳出经济合理的方案。

机械结构创新设计，可分为下述三个方面：

（1）功能设计　为满足主要机械功能要求而进行的设计。

（2）质量设计　兼顾各种要求和限制，提高产品的质量和性能价格比。

（3）优化设计和创新设计　用结构设计变元等方法系统地构造优化设计解空间，用创造性设计思维方法和其他科学方法优选和创新。

机械结构创新设计所完成的结构，体现了零件的材料、几何形状、尺寸、精度、加工工艺等。图 3-1 所示为一个齿轮减速器的结构设计，图 3-1a 所示为齿轮减速器的工作原理图，该减速器的传动比是 4.4，传递功率是 5kW，主动轴转速是 400r/min；图 3-1b 所示为对应的结构设计装配图。

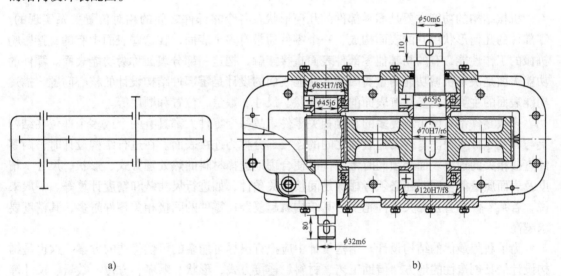

a)　　　　　　　　　　　　　　　　　　　　　b)

图 3-1　齿轮减速器结构设计

a）工作原理图　b）结构设计装配图

由此例可见，若把结构设计过程当作黑箱，那么它的输入是工作原理，输出是结构设计方案。结构设计是机械工作原理在技术上的具体化。一定的工程知识是开展有效结构设计的前提。图 3-2 所示为一个齿轮变速箱的结构总装简图，但按此设计方案造出的变速箱只能是废铁一堆，因为其上存在有 20 余处设计错误或缺陷。这些错误对一个缺乏工程知识的设计者来说是不易事先察觉的。

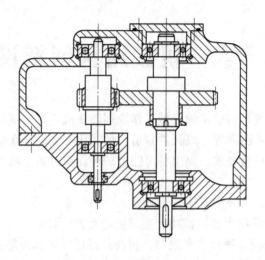

图 3-2　变速箱结构图

第一节　机械结构创新设计的基本知识

一、机械零件的结构要素

机械结构的功能主要是靠零部件的几何形状及各个零部件之间的相对位置关系实现的。零部件的几何形状由它的表面构成，一个零件通常有多个表面，在这些表面中有的直接影响机械的工作性能，有的与其他零部件表面直接接触，把这一部分表面称为功能表面。零件的功能表面是决定机械功能的重要因素，功能表面的设计是零部件结构设计的核心问题。描述功能表面的主要几何参数有表面的几何形状、尺寸、数量、位置和顺序等。

多数零件都有两个或更多的直接相关零件，故每个零件大都具有两个或多个部位在结构上与其他零件有关。零件功能表面之间的连接部分称为连接表面。在进行结构设计时，两零件直接相关的连接表面必须同时考虑，以便合理地选择材料的热处理方式、形状、尺寸、精度及表面质量等。同时还必须考虑满足间接相关条件，如进行尺寸链和精度计算等。一般来说，若某零件的直接相关零件越多，其结构就越复杂；零件的间接相关零件越多，其精度要求越高。

为了获得最优的结构设计，结构设计中应拟订出尽可能多的可供优选的方案，这也是结构设计最具创造性的地方。借助工艺、材料、连接方式、形状、顺序、方位、数量、尺寸等结构设计变异，是产生结构设计解的有效途径。图 3-3 所示的轴毂连接，通过对功能表面的形状、位置、尺寸和数量的变异设计，提出了实现同一技术功能的十余种结构方案。

图 3-4 所示为一个用工艺变异方法构成结构设计解的示例。这是一个轴承座结构，不同的工艺对应不同的结构设计方案：图 a 所示为铸铁结构，图 b 所示为铸钢结构，图 c、d 所示为焊接结构，图 e 所示为薄板冲压件，图 f 所示为单件切削结构，图 g 所示为半成品组合结构（无焊接条件）。

图 3-5 所示为一个用材料变元方法构成结构设计解的示例。这是一个连杆结构，不同的材料对应不同的结构设计方案：图 a 为薄板，图 b 为铸铁，图 c 为钢，图 d 为塑料。这些不

同的结构方案可作为基本结构，继续用连接方式、形状、顺序、方位、数量、尺寸变元及其组合可构造更多的设计方案。

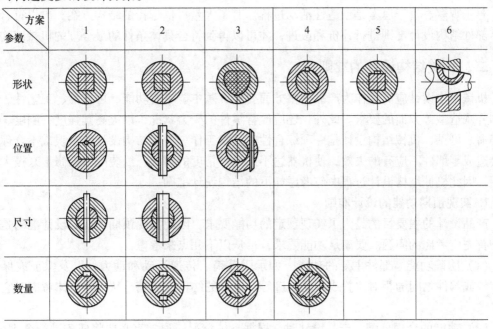

图 3-3　轴毂连接的结构变异设计

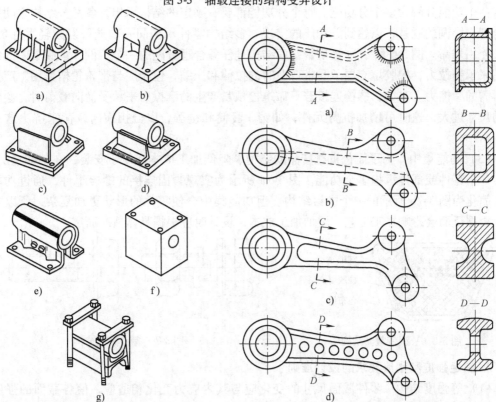

图 3-4　轴承座的不同工艺结构方案　　　　图 3-5　连杆的不同材料结构方案

可见机械零件的结构是多样的，需要通过对已有经验和知识的分解与综合，形成可供选择的多种新结构。在此过程中，不仅要充分了解现实主体，而且要通过想象创造出新的事物，善于观察、善于思考是创造性活动过程。有了大量可供选择的结构方案，再以符合实际的零部件结构设计准则进行评价和改进，才可以得到符合具体条件的最合理的机械结构。

二、机械结构设计的准则

机械结构设计应满足作为产品的多方面要求，基本要求有功能、可靠性、工艺性、经济性和外观造型等方面的要求。此外，还应改善零件的受力状况，以提高其强度、刚度、精度和寿命。可见，机械结构设计是一项综合性的技术工作。由于结构设计的错误或不合理，可能会造成零部件不应有的失效，使机器达不到设计精度的要求，给装配和维修带来极大的不方便，因此机械结构设计过程中应考虑如下的结构设计准则。

1. 实现预期功能的设计准则

产品设计的主要目的是为了实现预定的功能要求，因此实现预期功能的设计准则是结构设计首先应考虑的问题。要满足功能要求，可从以下几点来考虑：

（1）明确功能零部件主要的功能　如承受载荷、传递运动和动力，以及保证或保持有关零件或部件之间的相对位置或运动轨迹等。设计的结构应能满足从机器整体考虑对它的功能要求。

（2）功能的合理分配　产品设计时，根据具体情况，通常有必要将任务进行合理分配，即将一个功能分解为多个分功能。每个分功能都要有确定的结构承担，各部分结构之间应具有合理、协调的联系，以达到总功能的实现。多结构零件承担同一功能可以减轻零件负担，延长使用寿命。图3-6所示为V型带截面结构是任务合理分配的一个示例。承载层中的纤维绳用来承受拉力，橡胶填充层承受带弯曲时的拉伸和压缩，包布层与带轮轮槽作用，产生传动所需的摩擦力。又如，螺栓连接若只靠螺栓预紧产生的摩擦力来承受横向载荷时，会使螺栓的尺寸过大，这时可增加抗剪元件，如销、套筒和键等，以分担横向载荷来解决这一问题。

（3）功能集中　为了简化机械产品的结构、降低加工成本和便于安装，在某些情况下，可由一个零件或部件承担多个功能。图3-7a所示为实现紧固连接的螺栓组件，通过功能集中，简化为图3-7b所示的一个螺钉结构。但功能集中会使零件的形状更加复杂，所以要适度，否则反而会影响加工工艺、增加加工成本，设计时应根据具体情况而定。

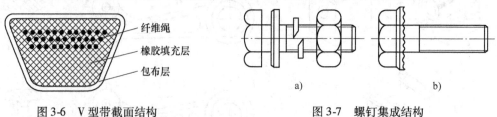

图3-6　V型带截面结构　　　　　　　　　　图3-7　螺钉集成结构

2. 满足强度和刚度要求的设计准则

（1）等强度结构　零件截面尺寸的变化应与其内应力变化相适应，使各截面的强度相等。按等强度原理设计的结构，材料可以得到充分的利用，从而可减轻重量、降低成本，如悬臂支架、阶梯轴的设计等，如图3-8所示。

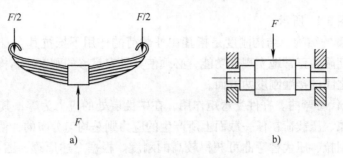

图 3-8　悬臂支架、阶梯轴

（2）合理力流的结构　为了直观地表示力在机械构件中的传递状态，将力看作犹如水在构件中流动，这些力线汇成力流，表示这个力的流动在结构设计考察中起着重要的作用。

力流在构件中不会中断，任何一条力线都不会突然消失，必然是从一处传入，从另一处传出。力流的另一个特性是它倾向于沿最短的路线传递，从而在最短路线附近力流密集，形成高应力区。其他部位力流稀疏，甚至没有力流通过，从应力角度上讲，材料未能充分利用。因此，若为了提高构件的刚度，应该尽可能按力流最短路线来设计零件的形状，减少承载区域，从而使累积变形变小，提高了整个构件的刚度，令材料得到充分利用。图 3-9 所示为典型支承结构中的力流结构，图 3-9a 所示为力流沿支架的直角路径传递，图 3-9b 所示为力流沿支架斜边路径传递。显然，图 3-9b 所示方案的力流传递路线短，构件的刚度和强度高于图 3-9a 所示方案。

（3）减小应力集中的结构　当力流方向急剧转折时，力流在转折处会过于密集，引起应力集中，设计中应在结构上采取措施，使力流转向平缓。应力集中是影响零件疲劳强度的重要因素。结构设计时，应尽量避免或减小应力集中，如增大过度圆角、采用卸载结构等，如图 3-10 所示。

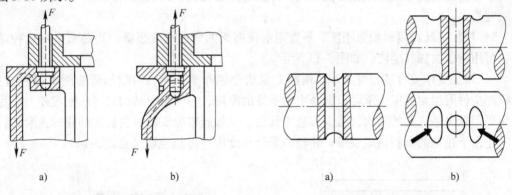

图 3-9　典型支承结构中的力流结构
a）改进前　b）改进后

图 3-10　卸载结构
a）改进前　b）改进后

（4）使载荷平衡的结构　在机器工作时，常产生一些无用的力，如惯性力、斜齿轮轴向力等，这些力不但增加了轴和轴衬等零件的负荷，降低其精度和寿命，同时也降低了机器的传动效率。所谓载荷平衡就是指采取结构措施部分或全部平衡无用力，以减轻或消除其不良的影响。这些结构措施主要采用平衡元件、对称布置等。例如，对于同一轴上的两个斜齿圆柱齿轮所产生的轴向力，可通过合理选择轮齿的旋向及螺旋角的大小使其相互抵消，使轴承负载减小，如图 3-11 所示。

（5）有利刚度的结构　　结构刚度是指其在外载荷的作用下抵抗其自身变形的能力。为保证构件在使用期限内正常地实现其功能，必须使其具有足够的刚度。结构系统的刚度包括构件刚度与构件之间的接触刚度两方面。

1）用拉、压代替弯曲。杆件受弯矩作用，在中性层处的应力为零，其附近材料不能充分发挥作用。而拉、压载荷在任一截面上所产生的应力则是均匀分布的，使材料得以充分发挥作用。因此，用拉、压代替弯曲可获得较高的刚度。根据上述原理，图 3-12 中受横向力的铸造支座，由图 3-12a 所示的结构形式改为图 3-12b 所示的结构形式，辐板便由单纯受弯曲变成部分地受拉、压，从而使刚度提高。

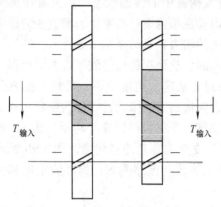

图 3-11　分流式齿轮布置

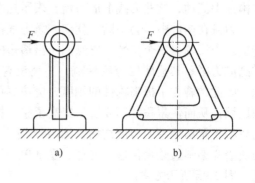

图 3-12　铸造支座

2）合理设计断面形状。构件的抗弯和抗扭刚度与其截面惯性矩成正比。在截面面积相同时，工字梁的抗弯惯性矩相对值最大，即抗弯刚度最大，但抗扭刚度最小；圆形截面的抗扭刚度最大。

3）用加强肋或隔板增强刚度。平置矩形截面梁的弯曲刚度很低，当必须采用这种结构时，可用肋板加强其刚度，如图 3-13 所示。

4）增加支承或合理布置支承。增加支承或合理布置支承，对增加弯曲刚度特别有效。如机床主轴附加虚约束支承可以提高主轴系统的刚度，由于悬臂结构的弯曲刚度差，应尽量避免采用悬臂轴之类的结构，减少其悬臂长度。又如履带轮安装后受较大的履带张紧力，为了防止由于轮轴的偏斜造成脱带，轮轴的悬臂长度因尽可能地短（见图 3-14）。

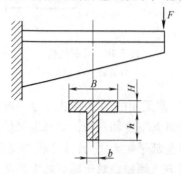

图 3-13　矩形截面梁肋板

图 3-14　较短的轮轴悬臂

5）提高接触刚度。构件接触表面的接触刚度影响结构体系的整体刚度。影响接触刚度的因素包括接触表面的表面粗糙度、接触表面的实际接触点数及其均匀分布的程度、构件材料的弹性和塑性等。

3. 考虑制造工艺的设计准则

结构设计的结果对产品零部件的生产成本及质量有着不可低估的影响，在结构设计中，应力求使产品有良好的加工和装配工艺性。所谓良好的加工工艺性是指零部件的结构易于加工制造的特性。图3-15所示零件，根据功能要求得出了图3-15a所示的结构设计方案，由于全部表面均为切削加工得到，无法加工，工艺性很差。改成图3-15b所示的结构方案后，显然加工工艺性得到了改进。任何一种加工方法都有可能不能完成某些结构表面的加工，或生产成本很高，或质量受到影响。各类加工对零件的结构工艺性要求请详见机械制造基础相关教材。

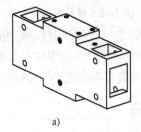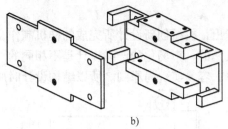

图 3-15　零件的两种结构

装配工艺性是指所设计的机械结构易于装配组合的特性。零部件的结构对装配的质量、成本有直接的影响。有关装配的结构设计要求简述如下：

（1）合理划分装配单元　整机应能分解成若干可单独装配的单元（部件或组件），以实现平行的装配作业，缩短装配周期，并且便于逐级技术检验和改进。分析历年机械设计竞赛任务可以发现，机械设计竞赛作品的装配单元通常由完成行走功能的车身底盘和完成执行动作功能的机械手两部分组成。

（2）使零部件得到正确安装，保证零件准确的定位　图3-16所示的两法兰盘用普通螺栓连接。图3-16a所示的结构无径向定位基准，装配时不能保证两孔的同轴度；图3-16b所示为以相配的圆柱面作为定位基准，结构合理。

避免双重配合。图3-17a中的零件 A 有两个端面与零件 B 配合，由于制造误差，不能保证零件 A 的正确位置。图3-17b所示结构合理。

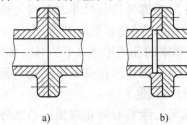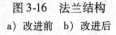　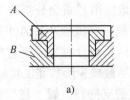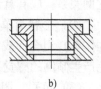

图 3-16　法兰结构　　　　　　　　　　图 3-17　避免双重配合
a) 改进前　b) 改进后

防止装配错误。图3-18所示轴承座用两个销钉定位，图3-18a中两销钉反向布置，到螺栓的距离相等，装配时很可能将支座旋转180°安装，导致座孔中心线与轴的中心线位置偏差增大。因此，应将两定位销布置在如图3-18b所示的同一侧，或使两定位销到螺栓的距离不等。

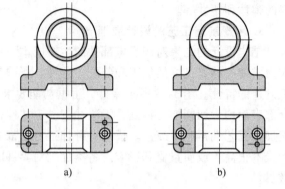

图3-18　销孔布置

（3）使零部件便于装配和拆卸　结构设计中，应保证有足够的装配空间，如扳手空间；为便于拆卸零件，应给出安放拆卸工具的位置，如轴承的拆卸；应避免过长配合，以免增加装配难度，擦伤配合面，如图3-19所示的阶梯轴的设计。

必须指出，机械创新设计所完成的样机制作，主要目的之一是实现对机械功能原理的认证。这与成熟的、市场化的产品设计是不相同的。受制造时间与条件的限制，零件结构通常以加工简单、容易实现为原则。所以结构设计时应更多地考虑实际制造加工的现场条件。

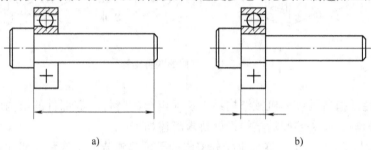

图3-19　避免过长配合
a) 改进前　b) 改进后

4. 考虑造型设计的准则

产品的设计不仅要满足功能要求，而且还应考虑产品造型的美学价值，使之对人产生吸引力。同时造型美观的产品可让使用者减少因精力疲惫而产生的误操作。外观设计包括三个方面：造型、颜色和表面处理。

考虑造型时，应注意下述三个问题：

（1）尺寸比例协调　在结构设计时，应注意保持外形轮廓各部分尺寸之间均匀协调的比例关系，应有意识地应用"黄金分割法"来确定尺寸，使产品造型更具美感。

（2）形状简单、统一　机械产品的外形通常由各种基本的几何形体（长方体、圆柱体、锥体等）组合而成。结构设计时，应使这些形状配合适当，基本形状应在视觉上平衡，避免产生倾倒的感觉；尽量减少形状和位置的变化，避免过分凌乱。

（3）色彩、图案的支持和点缀　在机械产品表面涂装，除具有防止腐蚀的功能外，还可增强视觉效果。恰当的色彩可使操作者眼睛的疲劳程度降低，并能提高对设备显示信息的辨别能力。

单色只适用于小构件。大的构件特别是运动构件如果只用一种颜色就会显得单调无层次。在多个颜色并存的情况下，应有一个起主导作用的底色，和底色相对应的颜色叫对比色。一个产品上，不同色调的数量不宜太多，太多的色彩会给人一种华而不实的感觉。

视觉舒服的色彩大约位于从浅黄、绿黄到棕的区域。这个趋势是渐暖，正黄、正绿往往显得不舒服；强烈的灰色调显得压抑；冷环境应用暖色，如黄、橙黄和红；热环境应用冷色，如浅蓝。所有颜色都应淡化。另外，通过一定的色彩配置可使产品显得安全、稳固。将形状变化小的、面积较大的平面配置浅色，而将运动、活跃轮廓的元件配置深色；深色应安置于机械的下部，浅色置于上部。

三、机械结构设计的工作步骤

不同类型的机械结构设计中各种具体情况的差别很大，不必以某种步骤按部就班地进行。通常是先确定完成既定功能零部件的形状、尺寸和布局。结构设计过程是综合分析、绘图、计算三者相结合的过程，其过程大致如下：

（1）理清主次、统筹兼顾 明确待设计结构件的主要任务和限制，将实现其目的的功能分解成几个功能。然后从实现机器主要功能（指机器中对实现能量或物料转换起关键作用的基本功能）的零部件入手，通常先从实现功能的结构表面开始，考虑与其他相关零件的相互位置、连接关系，逐渐同其他表面一起形成一个零件，再将这个零件与其他零件连接成部件，最终组合成实现主要功能的机器。而后，再确定次要的、补充或支持主要部件的部件，如控制、密封、润滑及维护保养等。

（2）绘制草图，初定功能结构 在分析确定结构顺序的同时，根据实现功能的主参数要求，粗略估算结构件的主要尺寸，绘制出零部件的结构草图。图中应表示出零部件的基本形状、主要尺寸、运动构件的极限位置、空间限制、安装尺寸等。同时，结构设计及草图绘制过程中要充分注意标准件和通用件的应用，以减少设计与制造的工作量。

（3）功能综合，生成方案 包括找出实现功能目的各种可供选择的结构，再经评价、比较并形成结构方案。具体可通过改变工作面的大小、方位、数量、相互间距及构件材料、表面特性、连接方式等产生新方案。综合分析的思维特点更多的是以直觉方式进行的，即不是以系统的方式进行的。人的感觉和直觉不是没有道理的，是多年在生活、生产中积累的经验不自觉地产生了各种各样的判断能力，这种感觉和直觉在设计中起着较大的作用。

（4）必需的计算与改进 对承载零部件的结构进行载荷分析，必要时计算其承载强度、刚度、耐磨性等内容。并通过完善结构使其能更加合理地承受载荷、提高承载能力及工作精度。同时考虑零部件装拆、材料、加工工艺的要求，对结构进行改进。在实际的结构设计中，设计者应对设计内容进行想象和模拟，头脑中要从各种角度考虑问题，想象可能发生的问题，这种假象的深度和广度对结构设计的质量起着十分重要的作用。

（5）综合分析、结构完善 按技术、经济和社会指标要求，寻找所选方案中的缺陷和薄弱环节，对照各种要求和限制，反复改进。考虑零部件的通用化、标准化，在结构草图中注出标准件和外购件。重视安全与舒适性（即劳动条件：操作、观察、调整是否方便省力，发生故障时是否易于排查），对结构进行完善。

（6）形状的平衡与美观 要考虑直观上看物体是否匀称、美观。外观不均匀时会造成材料或机构的浪费，在出现惯性力时会失去平衡，在很小的外部干扰力作用就可能失稳，抗应力集中和疲劳的性能也弱。

总之，机械结构设计的过程是从内到外、从重要到次要、从局部到总体、从粗略到精细，权衡利弊，反复检查，逐步改进。

第二节　机械系统的布局

在进行具体零部件的结构设计前，首先应对机械系统的整体布局有一个规划，为零件各功能表面间确定合理的位置，以确保后续的结构设计结果与机械的布置要求相协调。例如，对于小型客车，其发动机较小，工作时发热、振动等影响较小，同时为了便于传动部分及操纵部分的布置，可考虑采用发动机前置的方案；而对于较大的豪华型客车，由于其发动机较大，工作时的发热、振动等都较大，若发动机前置则会对驾驶员及乘客产生较大的影响，因此，可采用发动机后置的方案。

一、基本要求

机械系统布局涉及全局性问题，对产品的性能、使用和制造等方面将产生非常重要的影响。对于机械系统的结构总体布局，一般应满足功能、性能、结构、工艺和使用等方面要求。

1. 功能要求

机械系统的布局首先要满足实现特定功能的要求。既要便于实现机械产品的总功能，也要易于实现各分功能，不论是在系统的内部还是外部，都不应采用不利于功能目标的布置方案。在进行机械产品的布局时，不仅要考虑实现系统工作原理所要求的各主要部件的相对位置和运动关系，还要考虑工作对象的形状和尺寸以及在机械系统中的位置等因素的影响，合理布置机械系统的各个执行件。

2. 性能要求

对于任何的机械产品而言，必须保证所需要的性能指标。在进行布局设计时，应根据外载荷和工作状态，充分考虑对机械系统的精度、刚度、抗振性和热稳定性等性能指标的影响。例如，当采用单立柱结构的布置形式，机械系统的整体刚度和抗振性等性能指标将大大低于双立柱结构布置形式，若工作载荷很大则可能会影响机械系统的使用性能。

3. 结构要求

机械系统的布局会对结构设计和产品成本等产生重要影响。一般来说，布局应力求层次分明、结构紧凑。层次分明是指尽量减少或简化机械系统各主要零部件之间的相互联系，使各主要部分尽可能成为相对独立的单元，这将便于后续的技术设计，也有利于产品的模块化。结构简单、紧凑，占用的空间尺寸小，也是机械系统布局时应重点考虑的内容。另外，还要兼顾机械产品的系列化、部件的通用化和模块化等问题。机械系统的布局不仅会影响机械产品的功能、性能和结构，而且还会直接影响产品的成本。

4. 工艺要求

任何机械系统的设计，都要经过加工、装配、调整和检验等工艺过程转化成为机械产品，因此所设计的机械产品应能够很好地适应工艺性要求。在总体设计时，就应该充分考虑已具备的工艺条件，如加工设备、热处理能力以及装配和检验等方面的技术水平，应尽量利用简单的工艺实现机械产品的制造。对于一些重大结构件，如大型的横梁、立柱和机身等支承件，要特别注意制造的工艺性，依据现有的工艺条件合理选择这些构件的类型和材料，以适应机械产品的性能、使用、生产批量等方面要求。此外，还应兼顾考虑机械产品的维修、维护、保养、吊装和运输等方面问题。

5. 使用要求

机械系统设计的最终目的是为了生产出物美价廉、满足用户需求的机械产品。在设计机械产品时，要从操作者的角度出发，尽量使得操作简便、省力、准确。机械产品的总体造型要美观和谐，各主要零部件的组合要匀称协调，布局应符合人机工程学的相关要求。所设计的机械产品应具有安全性和可靠性，要使操作者感觉舒适、疲劳程度降低，并有利于提高产品的工作效率。

二、基本类型

机械系统的总体布局有多种分类方法，常用的分类方法有以下几种：

1）按执行件的布置方向，可分为水平式（卧式）、直立式、倾斜式和复合式等。

2）按执行件的运动轨迹，可分为回转式、直线式、振摆式和振动式等。

3）按壳体的结构形式，可分为整体式、剖分式等。

4）按机架的结构形式，可分为悬臂式、单柱式、龙门式和组合式等。

5）按动力机的安放位置，可分为前置式、中置式和后置式等。

三、机械系统布局举例

第八届浙江省大学生机械创新设计竞赛题目是设计并制作"抗灾救援"机器人。根据题目要求，机器人应由行走机构、过河机构、机械臂伸展机构和抓取机构等部分组成。图3-20所示为参赛学生完成的机器人布局设计方案。

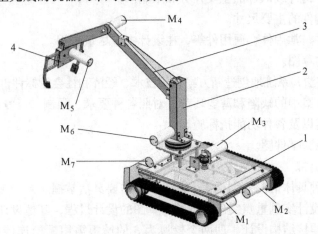

图3-20　"抗灾救援"机器人的组成与布局

1—行走底盘　2—立柱　3—机械臂　4—机械爪

整个装置分为行走底盘1、立柱2、机械臂3、机械爪4等。两侧履带分别由电动机M1和M2实现驱动，实现前进、后退和转弯。电动机M3通过蜗杆机构驱动底盘下方的凸轮机构驱动两侧履带横向伸展，以适应桥面的宽度；立柱由电动机M7驱动，实现沿立柱轴线的回转，满足机械手臂抓取不同位置目标物的需要；机械臂由电动机 M4、M6 驱动，实现机械臂垂直立面的摆动；机械爪由电动机 M5 驱动，经由四杆机构实现两爪的开合。根据设计条件，两侧履带布置于左右宽度允许的最外侧，这样整车的着地投影面积最大，提高了小车行走和抓物时的稳定性。电动机 M1 和 M2 与履带轮同轴可以直接驱动两轮的正反转动，减少了驱动中的传动环节。两电动机布置于小车的后端，可以利用其自身重量平衡抓取物，提高抓物时的整车稳定性；立柱 2 布置于整车的前端，便于机械手更快地接近目标物，减小机械臂的长度，提高机械臂的调整效率。立柱靠前布置也为实现两侧履带横向伸展的凸轮轴及其驱动电动机 M3 提供了安装位置，确保凸轮旋转产生的驱动力施加在两侧履带的中心位置，伸展受力平衡（见图 3-21）。

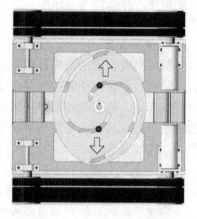

图 3-21　凸轮旋转产生的伸展力

第三节　结构设计基本过程举例

通用零部件及其装配的结构设计在机械设计基础课程中都有详细的介绍，具体内容可从相关教材或机械设计手册中查阅。本节通过两个实例对一般机械的结构设计过程作概略说明。

根据前面的介绍，结构设计过程的基本原则是：从内到外、从重要到次要、从局部到总体、从粗略到精细统筹兼顾，权衡利弊，反复检查，逐步改进。

结构设计的基本步骤可归纳为：

1）明确待设计构件或部件的主要任务和限制。

2）粗略估算构件的主要尺寸。

3）寻找标准件、常用件、通用件等，在设计中应尽量采用。

4）画基本结构草图。

5）用变元的方法，系统地创造新方案。按技术、经济和社会指标评价，选择最佳方案。

6）寻找所选方案中的缺陷和薄弱环节，对照各种要求、限制，反复改进。

7）强度、刚度以及各种功能指标验算。

8）绘制装配图和零件图。

9）编制技术文件。

结构设计中各种具体情况差别很大，基本步骤需要灵活掌握。

下面两个结构设计实例重点突出基本结构草图的设计过程，其他设计步骤都略去。

示例一：螺栓连接结构设计。即两个壁厚为 δ 的壁板需用螺栓连接，如图 3-22a 所示，显然，接触面 E 为连接表面。连接的铸件结构设计包括如下内容：

首先确定螺栓的直径 d。d 由螺栓所要承担的载荷根据计算或经验确定，一般来说 $d \approx 1.25\delta$；然后确定螺栓离壁外表面的距离。为此，需要先明确螺栓头的直径 D、壁面和法兰过渡区半径 r。D 由 d 确定，有标准可查；r 根据经验约为一半壁厚。所以螺栓轴心到壁厚的距离为 $\frac{D}{2} + r$，如图 3-22b 所示；接着确定法兰厚度 h，这里取 $h = (1.5 \sim 2)\delta$，这样便可按标准画出螺栓和螺母，如图 3-22c 所示；法兰宽度根据螺母、螺栓头大小以及一定的余量 f 确定，f 主要根据铸件精度和构件大小而定。螺栓和法兰之间要留有间隙，具体数值根据规范确定。此外，不应忘记倒角，如图 3-22d 所示。

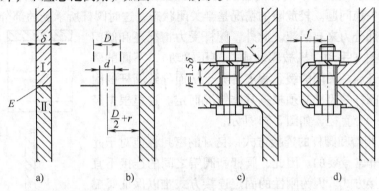

图 3-22　螺栓连接结构

可见，机械结构设计是集思考、绘图和计算（有时进行必要的实验）于一体的设计过程，是机械设计中涉及的问题最多、最具体、工作量最大的工作阶段，在整个机械设计过程中，平均约 80% 的时间用于结构设计，对机械设计的成败起着举足轻重的作用；机械结构设计问题具有多解性，即满足同一设计要求的机械结构并不是唯一的；结构设计阶段是一个很活跃的设计环节，常常需要反复交叉地进行。

示例二：直角阀门结构设计。由于生产批量大，材料用铸铁。已知管径为 d，如图 3-23a 所示，管壁厚为 δ，管内压力为 p，基本结构草图的设计过程如下所述：

（1）画主要工作面草图　如图 1-23a 所示，确定阀门材料、阀门完全打开时的间距 s 和阀瓣厚度 b。M 为管 1 和管 2 的轴心线的交点。在阀门完全打开时，流体的压力损失应尽量最少，这就要求流过阀门开口处的过流截面至少等于孔道横截面，即

$$\pi d s = \frac{\pi d^2}{4}$$

得

$$s = \frac{d}{4}$$

这样求得的 s 是下限。鉴于流体流动方向不完全是半径方向，而是倾斜的，如图 3-23b 所示，所以，应略作放大，根据经验取 $s = (0.4 \sim 0.5)d$。

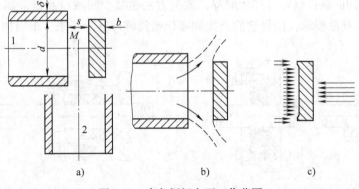

图 3-23　直角阀门主要工作草图

　　然后确定阀瓣厚度 b。阀瓣在完全关闭时承受最大载荷，全部水压作用于内侧面，如图 3-23c 所示。可根据圆板弹性理论或经验确定阀瓣厚度 b。

　　（2）确定阀杆的尺寸　阀杆的受载情况比较复杂，阀门关闭时，阀杆受静压作用，属于纯粹的弯曲失稳问题。较危险的情况是半关闭状态，这时阀杆所承受的部分力来自不对称流体的冲击，部分力来自涡流。此外，阀杆受力情况还和阀门的驱动方式有关（手动、机械驱动或是液压驱动），不同的驱动方式，阀瓣开启、关闭的缓急程度各异，从而导致阀杆的附加载荷不同。阀杆的尺寸必须根据具体情况而定。这里根据经验为阀杆选定一个直径，如图 3-24 所示。

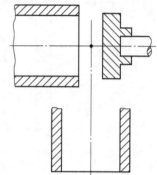

　　（3）确定阀瓣和阀杆的连接方式　良好的密封性能对于此类阀门来说是非常重要的。因此，阀杆和阀瓣之间的连接不宜采用固定的连接方式。因为刚性的固定连接方式难以保证阀瓣盖自由地贴合在密封面上。此外，因阀瓣通过旋转阀杆而驱动，所以阀瓣和阀杆之间必须是可以相对转动的，否则会出现

图 3-24　确定阀杆直径

抖动和磨损。图 3-25 列出了三种可转动、可调节的连接结构设计方案，这里采用图 3-25a 所示结构。

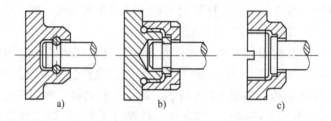

　　　　　　　　　a)　　　　　　　　　　b)　　　　　　　　　　c)

图 3-25　阀瓣和阀杆的三种连接方式

　　（4）设计阀杆和壳体之间的密封结构　密封结构的设计也要考虑多种情况，例如阀杆是如何驱动的、阀门开关的频率。偶尔开关一次的阀门和 50 次/s 开关的阀门，密封方案是完全不同的。

　　图 3-26 所示为两种常见的接触密封结构，它适用于有足够大驱动力和低频运动的场合同。而本例属于高频运动的摩擦面，在这类情况下应优先采用非接触式密封结构（见图 3-27）。但这种结构的缺点是容易产生泄漏，改进方法是减少间隙以减低泄漏量，这样，阀杆和套筒配合的高精度要求，使得它们必须和其他密封零件区分开来，单独加工。这里采用图 3-28 所示结构。

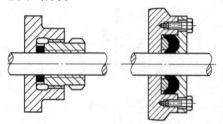

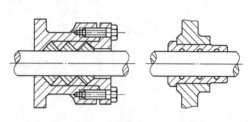

图 3-26　接触式密封结构　　　　　　　　　图 3-27　非接触式密封结构

（5）设计驱动结构装置　如前所述，这也有多种结构，如杠杆和凸轮机构或液压伺服马达等。为简单起见，这里只讨论螺栓、螺母驱动结构（见图1-29）。

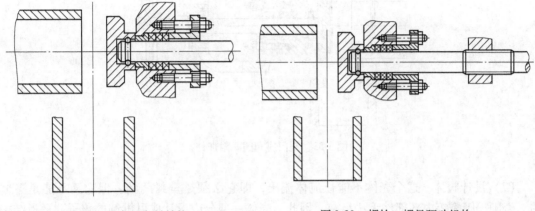

图 3-28　选定的密封结构　　　　　　图 3-29　螺栓、螺母驱动机构

这种结构又可分为旋转阀杆驱动和旋转螺母驱动两种结构，如图1-30和图1-31所示。这两种结构都是常见的，第一种结构旋转的手轮位于阀杆的顶端；第二种结构手轮位于螺母上。显而易见，第一种结构比较简单，不过它适用的前提是阀瓣和阀杆的连接必须是可相对转动的；这个结构的缺点是：旋转时，手轮有阀杆长度方向的运动，这就排除了用齿轮代替手轮，进而用电动机驱动的可能性，而第二种结构是可以这样做的。两种情况下，都要求驱动装置和密封结构之间要有足够的距离，以便更换密封磨损件，如图3-32所示。

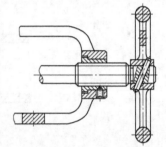

图 3-30　旋转阀杆驱动

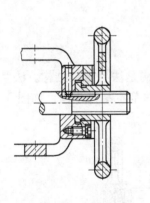

图 3-31　旋转螺母驱动

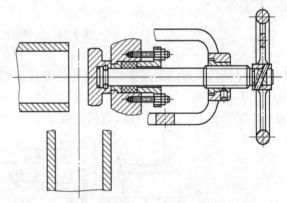

图 3-32　确定驱动装置和密封结构之间的距离

（6）设计阀门盖和管端密封面的结构　这里选用金属密封，因它可以耐600℃高温，对压力大小几乎无限制。密封面越狭窄（1～2mm），密封效果越好。由于密封面在使用过程中会遭受磨损，因此，让它凸出端面一些。密封面很难在铸铁管上直接加工，为此，在管内侧附加一个特别环，称为阀门座，瓣上附加类似构件，如图3-33所示。

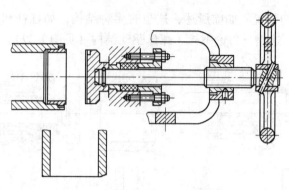

图 3-33　阀门座和阀瓣附加件

（7）设计阀体　这个壳体不能让流体流出，即它必须是全封闭的。但它又不能是整体的，否则，阀瓣等内部部件无法组装，因此，壳体一部分应设计成可拆卸的盖子。平板结构的刚度较低，所以盖子的厚度要大于壳体的厚度。盖子除了要承受流体压力外，还要承受驱动装置的载荷。壳体结构如图 3-34 所示。

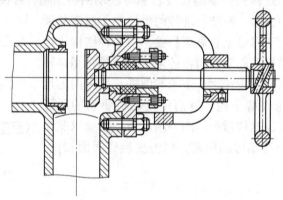

图 3-34　壳体结构

（8）设计阀门和管道的连接结构　此处最合适的连接结构是法兰螺栓结构。法兰应尽可能地靠近中心点 M，以节省材料。至此，得到了一个阀门的基本结构草图，如图 3-35 所示。加上必要的尺寸、公差等技术数据，就是完整的加工图样。

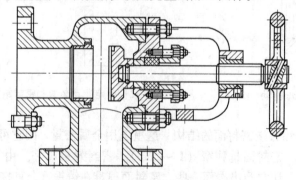

图 3-35　阀门结构草图

由本例可见，设计基本结构草图，常常是先从工作面开始，然后在工作面之间填材料，逐步扩展设计，从局部到总体。在此过程中，通过改变工作面的大小、方位、数量及构件材料、表面特性、连接方式等，不断比较各种可能的结构，选择最佳方案。

第四节　电动机的选择与动力计算

机械的运动和对外做功需要有足够的动力。多数情况下由电动机将电能转换成机械能，为机械执行机构提供动力。所以电动机可以看作是整个机械系统的心脏。另外，电动机的选择对整个机械结构也会产生很大的影响，其中包括与电动机连接零件的布置，电动机安装的空间尺寸及传动设计等。

一、电动机功率的选择

正确选择电动机功率的原则是：在电动机能够胜任生产机械负载要求的前提下，最经济、最合理地决定电动机的功率。如果电动机功率选择大了，好比大马拉小车，设备投资增加，电动机经常欠载运行，效率较低，运行费用较高，极不经济；反之，如果电动机功率选择小了，电动机过载运行，会过早地损坏，影响电动机寿命。

选择电动机的额定功率，应进行一些必要的分析和计算。具体选择时可按以下三个步骤进行：

1）根据机械的负载计算电动机需输出的功率 P_0。

2）根据 P_0，预选电动机的额定功率 P_N。

3）校验预选电动机的发热、过载能力和起动能力。

1. 电动机需输出的功率 P_0

机械运行时，电动机需要输出的功率 P_0，决定于机械克服负载需要的功率 P_L、机械装置的工作效率 η_w 和电动机至工作机械之间的传动效率 η。它们之间的关系为

$$P_0 = \frac{P_L}{\eta_w \times \eta}$$

当生产机械无法提供负载功率 P_L 时，可以用理论方法或经验公式来确定所用电动机的功率。

通常机械克服的负载有两类，即旋转机械负载和移动机械负载。对于图 3-36 所示旋转机械负载所要消耗的功率表达式为

$$P_L = \frac{T_L n_L}{9550}$$

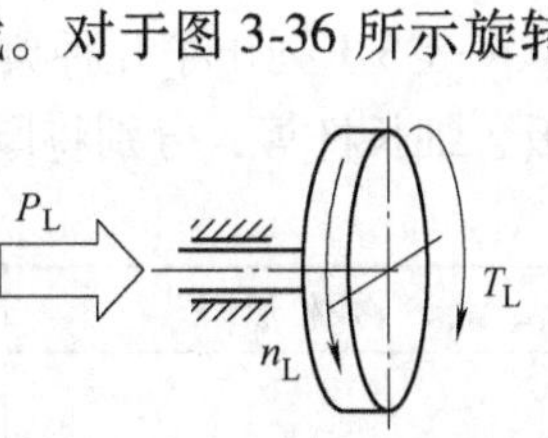

式中　P_L——负载功率（kW）；

　　　T_L——负载转矩（N·m）；

　　　n_L——执行机构转速（r/min）。

图 3-36　克服旋转负载

图 3-37 所示的机器人行走底盘采用电动机直接带动履带轮的驱动方式，已知带轮直径为 40mm，整个机器人总重量约为 4kg，履带与地面摩擦因数取 $f = 0.8$。

则履带与地面产生的摩擦力为

$$F_f = f F_N = 0.8 \times 4 \times 9.8\text{N} = 31.36\text{N}$$

图 3-37　机器人行走底盘

驱动机器人行走所需要的驱动力矩为

$$T_L = F_f d/2 = 31.36 \times 0.02 \text{N} \cdot \text{m} = 0.6272 \text{N} \cdot \text{m}$$

对于图 3-38 所示移动机械负载所要消耗的功率表达式为

$$P_L = \frac{F_L v_L}{1000}$$

式中　P_L——负载功率（kW）；

　　　F_L——负载作用力（N）；

　　　v_L——运动速度（m/s）。

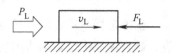

图 3-38　克服移动负载

图 3-37 中的地面与履带间的摩擦力 F_f 实际上也是小车上的负载作用力。

执行机构的转速和运动速度决定于机械的工作性能要求。实训机械小车的移动速度可取 20~40cm/s，机械臂的移动速度可取 10~20cm/s。

对于断续快速移动机构，在计算负载转矩和负载作用力时，还应注意惯性力引起电动机功率消耗 P_d(kW)

$$P_d = \frac{T_d n}{9550}$$

式中　T_d——作用在电动机轴上的惯性力矩（N·m）；

　　　n——电动机转速（r/min）。

$$T_d = J\beta = J \times \frac{2\pi n}{60t} = \frac{Jn}{9.6t}$$

式中　J——折算到电动机轴上的总转动惯量（kg·m²）；

　　　t——电动机的起动时间（s），对于中型机床可取 $t = 0.5$s。

表 3-1 列出了几种典型物体形状的转动惯量计算公式，表中 m 为物体的质量。对于薄板、细长杆等，分别将厚度、截面半径取为零即可得到相应的转动惯量计算公式。

表 3-1　典型物体形状的转动惯量计算

物体形状	简图	转动惯量
立方体		$J_x = \frac{1}{12}m(b^2 + c^2)$ $J_y = \frac{1}{12}m(a^2 + c^2)$ $J_z = \frac{1}{12}m(a^2 + b^2)$

（续）

物体形状	简　　图	转 动 惯 量
圆柱		$J_x = J_y = m\left(\dfrac{r^2}{4} + \dfrac{l^2}{12}\right)$ $J_z = \dfrac{1}{2}mr^2$
圆锥体		$J_z = \dfrac{10}{3}mr^2$ $J_x = J_y = \dfrac{3}{80}m(4r^2 + h^2)$
圆截面环形体		$J_z = m\left(R^2 + \dfrac{3r^2}{4}\right)$ $J_y = m\left(\dfrac{R^2}{2} + \dfrac{5r^2}{8}\right)$
实心球		$J_x = J_y = J_z = m\dfrac{2r^2}{5}$

　　许多机械 CAD 软件在完成三维造型设计的同时还可以进行大量的设计分析。实体转动惯量是最基本的分析内容之一。图 3-39 所示机械装置，在选择顶部驱动电动机时需要知道装置绕 z 轴的转动惯量。由于机械结构复杂，用计算法较困难。可在设置好实体材料的密度值后，由软件分析得出转动惯量 $I_z = 2122919 \mathrm{kg} \cdot \mathrm{mm}^2$。

　　各运动部件折算到电动机轴上的转动惯量可按下式进行

$$J = \sum_k J_k\left(\frac{n_k}{n}\right)^2 + \sum_i m_i\left(\frac{60v_i}{2\pi n}\right)^2$$

式中　J_k——第 k 个旋转件的转动惯量（kg·m²）；

　　　n_k——k 个旋转件的转速（r/min）；

　　　n——电动机转速（r/min）；

　　　m_i——第 i 个移动件的质量（kg）；

　　　v_i——第 i 个直线移动件的速度（m/s）。

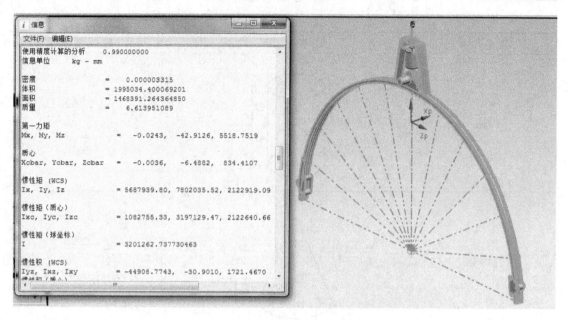

图 3-39　实体转动惯量的 CAD 分析

2. 电动机的额定功率 P_N

为了使机械能在负载的作用下正常地运行，要求 $P_N \geqslant P_0$。当然额定功率越大，工作能力将越强。但是过大的额定功率选择会造成驱动能力浪费。通常是在已知电动机需要输出功率 P_0 的基础上，根据电动机产品目录进行选择，使电动机的额定功率等于或略大于工作机械需要的功率，如 $P_N \leqslant 1.3P_0$，并且尽量接近 P_0。

对于短时工作制电动机，除了选用专为短时工作方式而设计的电动机，也可选用为连续工作方式而设计的电动机。

短时工作方式电动机的国家标准有 15min、30min、60min、90min 四个等级。对同一台电动机，其功率关系显然是 $P_{15} > P_{30} > P_{60} > P_{90}$；当然，它们的过载倍数也不相同，其关系是 $\lambda_{15} < \lambda_{30} < \lambda_{60} < \lambda_{90}$。一般这类电动机铭牌上标注的额定功率为 P_{60}。当实际工作时间 t_{gx} 接近上述标准工作时间 t_g 时，只要按对应的工作时间与功率，由产品目录上直接选用即可。当实际工作时间和标准时间不完全相同时，应该把实际的工作时间内需要的功率 P_x 换算成标准工作时间内的标准电动机功率，然后再按换算成的标准功率 P_g 在产品目录中选用。换算公式如下

$$P_g = \frac{P_x}{\sqrt{t_g / t_{gx}}}$$

若选择一般连续工作制电动机代替短时工作制的电动机时，由于电动机在短时工作时的最高温升达不到连续工作时的稳定温升，为了充分利用电动机容量，电动机的额定功率 P_N 可小于短时工作的功率 P_g，使电动机在短时工作时间内达到的最高温升等于或接近连续工作时的稳定温升。其额定功率可按下面公式计算

$$P_N \geqslant P_x \sqrt{\frac{1 - e^{-t_{gx}/T_\theta}}{1 + \alpha e^{-t_{gx}/T_\theta}}}$$

式中　α——电动机额定运行时不变损耗与可变损耗的比值，普通电动机 $\alpha = 0.6$；

　　T_θ——电动机的发热时间常数（与电动机的热容量、散热状况有关），T_θ 一般约为十几分钟到几十分钟。当电动机运行 $3 \sim 4T_\theta$ 时，将达到稳定温升状态，温度不再升高。

对于断续周期性工作制的电动机，其特点是工作持续时间 t_g 和停歇时间 t_0 都很短，且周期性交替进行。国家标准规定一个周期的时间不得大于 10min，即 $t_g + t_0 < 10\text{min}$。起重机、电梯、轧钢辅助机械以及某些自动机床的工作机构的电动机均属断续周期性工作方式，有的周期性很严格（如自动机床），有的不严格（如起重机），对周期性不严格的，计算时只具有统计性质。断续工作方式的电动机，用负载持续率 FS 表示其工作制的特征

$$FS = \frac{t_g}{t_g + t_0} \times 100\%$$

电动机负载持续率 FS 分为四个等级：15%、25%、40% 和 60%。对于同一台电动机，负载持续率越大，则其额定功率越小。因此，在选择这类电动机时，必须同时给出额定功率和负载持续率两个数据。

如果电动机实际负载持续率与标准负载持续率相同，则可直接按照产品目录选择合适电动机；如果实际负载持续率 FS_x 与标准负载持续率 FS 不相等，应该把实际功率 P_x 换算成邻近的标准负载持续率下的功率 P_g，再选择电动机和校验温升。简化的换算公式为

$$P_g \approx P_x \sqrt{\frac{FS\%}{FS_x\%}}$$

同时还应注意：$FS_x\% < 10\%$ 时，应选用短期工作制的电动机；当 $FS_x > 60\%$ 时，应选用长期工作制的电动机。

3. 校验电动机的发热、过载能力和起动能力

由于一般电动机是按常值负载连续工作设计的，电动机在额定容量下工作时，温升不会超出允许值，而电动机所带的负载功率小于或等于其额定功率，发热自然没有问题，不需进行发热校验。

对于有冲击性负载的生产机械，如球磨机等，要在产品目录中选择过载能力较大的电动机，并进行过载校验。因为各种电动机的过载能力都是有限的，特别是在电动机运行时间短而温升不高的情况下，过载能力就成为决定电动机额定功率的主要因素了。表 3-2 列出了各种电动机的过载能力 $\lambda_m = T_{max}/T_N$ 数据。

表 3-2　各种电动机允许过载能力

电动机类型	过载能力 λ_m	电动机类型	过载能力 λ_m
直流电动机	2（特殊型的可达 3~4）	笼型异步电动机	1.8~3
绕线转子异步电动机	2~2.5（特殊型的可达 3~4）	同步电动机	2~2.5（特殊型的可达 3~4）

若选择直流电动机，只要工作机械的最大转矩不超过电动机的最大转矩，过载校验就可以通过。校验直流电动机过载能力按下式计算

$$T_{Lmax} \leqslant \lambda_m T_N$$

如果选择交流电动机，要考虑电网电压向下波动时对电动机的影响。校验的条件为

$$T_{Lmax} \leqslant (0.80 \sim 0.85)\lambda_m T_N$$

当过载能力不满足时，应该另选电动机并重新校验，直到满足条件为止。

对于笼型异步电动机，有时还进行起动能力的校验。如果电动机的起动转矩 T_{st} 低于负载转矩 T_L，则可能使电动机严重发热，甚至被烧坏。因此，必须改选起动转矩较大的异步电动机或功率较大的电动机。对于直流电动机与绕线转子异步电动机，因为起动转矩的数值可调，所以不必校验起动能力。

电动机铭牌上所标注的额定功率是指环境温度为 40°C 时，连续工作情况下的功率。当环境温度不标准时，其功率应进行修正。表 3-3 是适用于平原地区不同环境温度下电动机功率的修正值。

表 3-3　平原地区不同环境温度下电动机功率的修正

环境温度/°C	30	35	40	45	50	55
功率增减百分数	+8%	+5%	0	−5%	−12.5%	−25%

对短时工作制电动机来说，因为工作时间很短，所以过载能力是要考虑的主要因素。若按计算出的等效功率选择电动机，发热是不成问题的，但过载能力和起动能力却成了主要矛盾。一般情况下，当 $t_{gx} < (0.3 - 0.4)T_{\theta}$ 时，只要过载能力和起动能力足够大，就不必再考虑发热问题。因此，在这种情况下，须按过载能力选择电动机的额定功率，然后校核其起动能力。按过载能力来选择连续工作方式电动机的额定功率为

$$P_N \geqslant \frac{P_x}{\lambda_m}$$

不过，专为短时工作方式设计的电动机，其过载倍数和起动转矩都较大。

二、电动机转速的选择

电动机的额定转速是根据工作机械的要求而选定的。在确定电动机额定转速时，必须考虑减速装置的传动比，两者相互配合，经过技术、经济全面比较才能确定。对额定功率相同的电动机，其额定转速越高，其体积也越小，相应重量也越轻，价格相对也越低，电动机的转动惯量也越小。但另一方面，当工作机械的转速一定时，电动机的额定转速越高，传动机构的速比就越大，传动机构也越复杂。电动机的转动惯量 J 和额定转速 n_N 对电动机的调速过程快慢和能量损耗有一定的影响。根据分析可知，电动机的转动惯量 J 越小，调速过程越快，能量损耗越小。因此，应综合考虑上述因素来确定电动机额定转速。

对于一些不需调速的高、中速机械，如水泵、鼓风机、空气压缩机等，可选用相应转速的电动机不经机械减速装置而直接传动。对于需要调速的机械，电动机的最高转速应与生产机械转速相适应。若采用改变激励的直流变速电动机，为充分利用电动机的容量，应选好调磁、调速的基速。又如某些轧钢机械、提升机等，工作速度较低，经常处于频繁地正、反转运行状态，为缩短正、反转过渡时间，提高生产率，降低消耗，并减小噪声，节省投资，选择适当的低速电动机，采用无减速机的直接传动更为合理。

要求快速频繁起、制动的机械，通常是电动机的旋转动能（表现为电动机的转动惯量与额定转速的乘积：$J_N n_N^2$）为最小时，能获得起动、制动最快的效果。在空载（或负载很小可以忽略）情况下起、制动时，为达到快速的目的，可按下式确定传动比

$$J_N n_N^2 = J_m n_m^2$$

即传动比为

$$i_j \approx \sqrt{\frac{J_m}{J_N}}$$

式中　J_N——电动机（包括电动机轴上的传动装置）的转动惯量（kg·m²）；

　　　n_N——电动机额定转速（r/min）；

　　　J_m——工作机械输入轴上的转动惯量（kg·m²）；

　　　n_m——工作机械输入轴转速（r/min）。

三、电动机种类、安装形式的选择

选择电动机种类的原则是：在满足生产工艺和设备性能要求的前提下，优先考虑结构简单、价格便宜、工作可靠、维护方便的电动机。在这方面，交流电动机优于直流电动机，异步电动机优于同步电动机，笼型异步电动机优于绕线式异步电动机。

对于负载平稳，起动、制动都无特殊要求的连续运行的生产机械，宜优先采用普通型异步电动机。普通的笼型电动机广泛用于机床、水泵、风机等。深槽式和双笼式异步电动机多用于大中功率、要求起动转矩较大的生产机械，如空压机、带式运输机等。

对于只要求几种转速的小功率机械，可采用变极多速（双速、三速、四速）笼型异步电动机，如电梯、锅炉引风机和机床等。

对于调速范围要求在1:3以上，且需连续稳定平滑调速的生产机械，宜用他励直流电动机或用变频调速的笼型异步电动机，如大型精密机床、龙门刨床、轧钢机和造纸机等。

对于要求起动转矩大，机械特性软的生产机械，使用串励或复励直流电动机，如电车、电动机车和重型起重机等。

对于电动机的转角与输入信号有严格对应要求时，应使用伺服电动机。

机械设计竞赛样机所用的电动机由于受供电条件及样机重量的限制，较多选用直流电动机。

电动机的安装方式很多，主要分卧式和立式，而卧式和立式安装又分为多种。一般多选卧式电动机，由于立式电动机的价格较贵，只有在为了简化传动装置，必须垂直安装时才采用，如选矿设备浮选机上的动力设备。

卧式安装方式中，最常用的是B3（一般卧式）、B5（带凸缘没底脚）及B35（带底脚带凸缘）的安装方式。表3-4是常用卧式电动机的结构及安装形式。

表3-4　常用卧式电动机的结构及安装形式

代　号	示　意　图	轴　承	机　座	轴　伸	结构特点	安装形式
B3		两个端盖式	有底脚	有轴伸		安装在基础构件上
B35		两个端盖式	有底脚	有轴伸	端盖上带凸缘，凸缘有通孔，凸缘在D端	借底脚安装在基础构件上，并附用凸缘安装
B34		两个端盖式	有底脚	有轴伸	端盖上带凸缘，凸缘有螺孔并有止口，凸缘在D端	借底脚安装在基础构件上，并附用凸缘平面安装

（续）

代　号	示　意　图	轴　承	机　座	轴　伸	结构特点	安装形式
B5	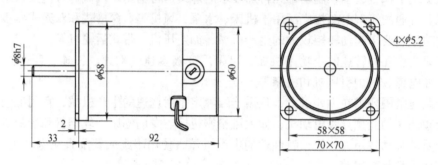	两个端盖式	无底脚	有轴伸	端盖上带凸缘，凸缘有通孔，凸缘在 D 端	借凸缘安装

当电动机的型号确定后，电动机相关的安装尺寸可通过相关的技术手册查取，图 3-40 所示为型号为 ZYTD-60SRZ-7F1 直流电动机的安装尺寸。获取这些尺寸信息并及时反映到机械的结构设计中，对机械的空间布置、结构尺寸确定是极为重要的。

图 3-40　ZYTD-60SRZ-7F1 直流电动机的安装尺寸

为了满足不同的用户需要，现在市场上有许多电动机配置有不同的减速机构。通过降低转速适应要求电动机输出转矩较大的场合。图 3-41 所示为一款带有减速机构的直流电动机及其安装尺寸。

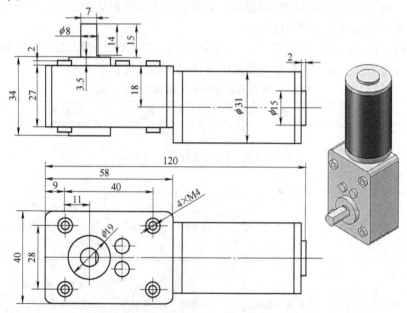

图 3-41　带有减速机构的直流电动机及其安装尺寸

第四章 样 机 制 作

样机制作是将机械虚拟造型和技术图样转变成实物样机的过程。它是产品设计过程中的一个关键环节，为保证产品设计的可行性和产品投入试产提供可靠实物依据。样机制作的作用包括：

（1）验证机械原理方案 通过对样机的试运行，可以真实演示机械的动作过程，检验预期功能的实现情况。同时，还可以发现由于参数、布局不当引起的运动干涉、受力平衡、功能受限等方面的不足。

（2）检验结构设计 样机制作可以验证结构设计是否满足预定要求，如结构的合理与否、装配的难易程度、人机学尺度的细节处理等。

（3）降低开发风险 通过对样机的检测，可以在开模具之前发现问题并解决问题，避免开模具过程中出现问题，造成不必要的损失。

（4）快速推向市场 根据制作速度快的特点，很多公司在模具开发出来之前会利用样机做产品的宣传、前期的销售，快速把新产品推向市场。

第一节 制订计划与设计修改

机械创新设计作品能进入样机制作阶段，说明作品的理论、结构设计得到了大家的认可。但是由于前期受时间、精力的局限，在样机材料、标准规范、结构工艺性及加工方法等方面考虑得还是不够充分。因此，实物制作前还需要对已经完成的原理及结构方案再度认真分析与改进，以确保制作环节有效、顺利地进行。

一、制订样机制作的进度计划

样机制作将会占据相当多的时间，累计占时是设计时间的三倍左右。作为一个完整作品的制作过程，多数团队人员缺少实践经验。为了事先对制作过程的各阶段有一个总体的认识，防止时间安排不当造成的失误，必须在样机制作开始前制订一个详细的时间进度计划表。计划表的基本内容见表4-1。各阶段的内容及时间应该让团队全体成员都来参与确定，使每个成员都明确将会涉及到的工作、明确自己的责任。对于样机复杂、涉及部件又多，制订出可行的进度计划表有困难时，也可以以完成各个部件作为阶段内容来安排样机制作进度计划。

表 4-1 样机制作进度计划表

序号	阶 段	主 要 内 容	时间（起止日期）	负责人
1	设计修改	1. 原理及主参数 2. 零件材料 3. 部件结构、尺寸及标准化	…… …… ……	…… …… ……
2	加工安排	1. 标准件、采购件数量、规格统计 2. 委托加工零件数量、技术要求 3. 自加工零件数量、原材料	……	……

（续）

序号	阶　段	主　要　内　容	时间（起止日期）	负责人
3	零件加工	……	……	……
4	电路设计、制作	……	……	……
5	装配调试	……	……	……

　　制订计划表就是为了给整个样机制作作出一个时间安排。所以在后续的样机制作过程中应该时刻对照进度计划，及时完成各阶段规定的工作任务。实践经验告诉我们，计划表合理并严格控制进度计划的团队，每当发现作品的原理、结构有问题时，由于时间充裕，最终都能顺利作出调整，较好地完成样机的改进与制作。

二、样机制作材料

　　机械工程材料包括金属材料、有机高分子材料和无机非金属材料三大类。不同的材料其性能也不一样，作为样机制作使用的材料，在满足零件正常工作所需性能的前提下，良好的加工性是样机顺利制作的重要条件。目前较多使用铝合金、工程塑料作为机械样机的制作材料，这不仅是由于这些材料在一般的受力条件下能正常工作，更重要的是出于这些材料加工性好、制作成本低的原因。

　　铝合金具有密度小、耐蚀性好、比强度（抗拉强度与密度的比值）高的优良性能。若经过冷加工或热处理，还可进一步提高其强度。样机制作主要使用变形铝合金，其中有防锈铝合金、硬铝合金、超硬铝合金等（见表4-2）。

表4-2　变形铝合金的牌号与应用

类　　别		牌号编制	典型牌号	性　能　特　点
变形铝合金	防锈铝合金	用数字和字母组合表示。第一位数字表示组别，按 Cu、Mn、Si、Mg、Zn 等顺序；第二位字母表示改型情况，A 表示原始合金，B、C 等表示原始合金的改型；最后两位数字用以区别同组合金中的不同序号	5A05 3A21	有 Al-Mn 和 Al-Mg 两系。耐蚀性好，塑性、焊接性良好，强度中等，不能热处理强化
	硬铝合金		2A01 2A11	主要有 Al-Cu-Mg 系。经淬火时效，强化相均匀弥散分布，能显著提高其强度和硬度，这类铝合金主要性能特点是强度大、硬度高
	超硬铝合金		7A04	Al-Cu-Mg-Zn 系合金。与硬铝合金相比，超硬铝合金时效中能产生更多的强化相，强化效果更显著，所以其强度、硬度更高

　　塑料是以合成树脂为主要成分，加入某些添加剂而制成的高分子材料。与金属材料相比，塑料不仅加工性好，而且密度小（为钢材的 $1/4 \sim 1/9$），因而可以大大减轻零件的重量。工程塑料具有良好的使用性能，可作为结构材料使用。常用工程塑料的特性及应用见表4-3。

表 4-3 常用工程塑料的特性与应用

类别	塑料名称	主要特性	应用举例
热塑性塑料	聚酰胺（PA 尼龙）	具有较高的强度和韧性、很好的耐磨性和自润滑性及良好的成型工艺性,耐蚀性较好,但吸水性大,耐热性不高,尺寸稳定性差	制作各种轴承、齿轮、凸轮轴、轴套、泵叶轮、风扇叶片、储油容器、传动带、密封圈、蜗轮、铰链、电缆及电气线圈骨架等
	聚甲醛（ROM）	具有优良的综合力学性能,尺寸稳定性高,具有良好的耐磨性和自润滑性,耐老化性也好,使用温度为 -50～110°C。但密度较大,耐酸性和阻燃性不太好,遇火易燃	制造减摩、耐磨及传动件,如齿轮、轴承、凸轮轴、制动闸瓦、阀门、仪表、外壳、化油器、叶片、运输带及线圈骨架等
	ABS 塑料	坚韧、质硬、刚性好,同时具有良好的耐磨、耐热、耐蚀、耐油及尺寸稳定性,可在 -40～100°C 下长期工作,成型性好	应用广泛,如制造齿轮、轴承、叶轮、管道、容器、设备外壳、把手、仪器和仪表零件、外壳、文体用品、家具、小轿车外壳等
	聚甲基丙烯酸甲酯（PMMA 有机玻璃）	具有优良的透光性、耐候性、耐电弧性、强度高,可耐稀酸、碱,不易老化,易于成型,但表面硬度低,易擦伤,较脆	用于制造飞机、汽车、仪器仪表和无线电工业中的透明件,如风窗玻璃、光学镜片、电视机屏幕、透明模型、广告牌及装饰品等
	聚碳酸酯（PC）	冲击强度好,透明,绝缘性好,热稳定性好,不耐磨	用于制造受冲击零件,如座舱罩、头盔、防弹玻璃及高压绝缘件等
热固性塑料	酚醛塑料（PF）	俗称"电木"。有优良的耐热、绝缘性能,化学稳定性、尺寸稳定性和抗蠕变性良好。这类塑料的性能随填料的不同而差异较大	用于制作各种电信器材和电木制品,如电气绝缘板、电器插头、开关、灯口等,还可用于制造受力较高的制动片、曲轴带轮、仪表中的无声齿轮、轴承等
	环氧塑料（EP）	强度高、韧性好,具有良好的化学稳定性、耐热性、耐寒性,长期使用温度为 -80～155°C。电绝缘性优良,易成型。缺点是有某些毒性	用于制造塑料模具、精密量具、电器绝缘及印制线路板、灌封与固定电器和电子仪表装置;配制飞机漆、油船漆以及作粘结剂等
	氨基塑料（UF）	优良的耐电弧性和电绝缘性,硬度高、耐磨,耐油脂及溶剂,难于自燃,着色性好。其中三聚氰胺甲醛塑料（密胺塑料）耐热、耐水、耐磨、无毒	用于制造机器零件、绝缘件和装饰件,如仪表外壳、电话机外壳、开关、插座、玩具、餐具、纽扣及门把手等

铝合金和塑料虽然加工性好,但是在条件允许时,对于某些接触应力大、要求耐磨性好的零件,还是应选择表面硬度高、耐磨性好的钢材,如 45 钢调质、25 钢渗碳。对于工作表面有相对滑动的场合,可选择铜合金,如 HPb59-1 黄铜、QSn4.4-2.5 青铜等。

三、充分利用标准件、通用件

用好标准件和通用件是减轻零件制造工作量、降低制作成本、加快样机制造进度的重要途径。随着网购环境的日益改善,通过网络搜索及定购可以找到很多适用的替代零件。图 4-1 所示为网上搜索获得的用于样机传动的通用零件。图 4-2 所示为可用于样机伸展机构的抽屉滑道。图 4-3 所示为可用于样机行走轮玩具车轮。

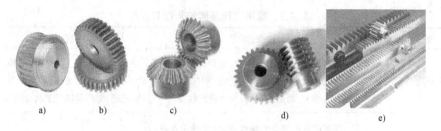

图 4-1　传动通用零件

a) 同步带轮　b) 圆柱齿轮　c) 锥齿轮　d) 蜗杆蜗轮　e) 齿条

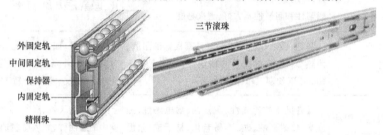

三节滚珠

外固定轨
中间固定轨
保持器
内固定轨
精钢珠

图 4-2　抽屉滑道

　　受资料信息和时间的限制，结构设计时会发生购置零件的尺寸和结构同原设计有差异的情况。为了不影响样机的装配关系和工作性能，必须根据购置零件的变化情况对原作品的设计作适应性修改。图 4-4a 所示为三自由度连接器，图 4-4b 为根据功能要求所确定的立管结构及尺寸设计。制作样机时，考虑到立管为中空结构，且有 200mm 长，为了方便加工，选择无缝管作为坯料进行加工。而市场上有售的无缝钢管，最接近的规格尺寸为 $\phi51mm \times 3mm$，为此，图 4-4c 对整个结构作了适应性修改，包括轴承型号、轴承盖等。

图 4-3　玩具车轮

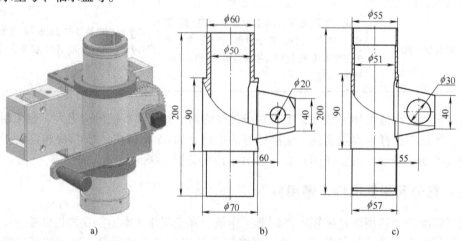

图 4-4　三自由度连接器

a) 连接器外形　b) 立管原设计　c) 立管设计修改

第二节 机械加工基础

一、样机制造的基本环节

样机制造的基本环节包括技术准备、毛坯制造、零件加工和装配调试等。

1. 技术准备

零件在制作前，必须做各项技术准备工作，主要包括工艺和生产两个方面。首先要制订工艺文件，包括各类制造工艺方案、成品验收规范等，这是指导各项技术操作的重要文件。此外，原材料的采购，工装、辅具的配备，专用设备和检测仪器的准备，生产作业计划制订等，都要在技术准备阶段安排就绪。

2. 毛坯制造

毛坯是原材料加工成零件过程中的中间产物，是特意制成的供进一步加工用的生产对象。合理选择毛坯的制造方法，可显著提高生产率、改善内在性能、降低制造成本。常用的毛坯制造方法有：铸造、锻压和焊接。铸造利用金属的流动性进行液态成形，锻压借助金属的塑性完成变形加工，焊接依靠金属原子间的结合力实现固定连接。铸造、锻压和焊接通常也称为热加工。在样机制作中，为了节约时间，更地多地是直接选择型材作为毛坯。

3. 零件加工

金属切削加工是零件加工的主要方法。它是用切削刀具将毛坯或工件上的多余材料切除，以获得零件所要求的尺寸、几何精度和表面质量的加工方法。根据刀具与工件间的相对运动形式及使用设备的不同，切削加工有车、钻、刨、铣、磨以及锯、锉、铰、刮、研等。金属切削加工通常也称为冷加工。

4. 样机装配与调试

装配调试是指按要求将零件或部件进行组配、连接、调整和试运行使之成为产品的工艺过程。装配调试过程中必须严格遵守技术条件的规定，如零件的清洗、装配顺序、装配方法、工具使用、结合面修磨、润滑剂施加及运转磨合、涂装和包装等，只有这样才能最终得到满足要求的作品。

二、常用加工设备与工具

作为综合实训中的样机制作，切削加工是最主要的加工手段。无论是自己动手加工还是寻求帮助，都必须清楚自己的作品零件需要涉及的加工方法、设备及工具，做到心中有数。

切削加工所用的机器称为机床，对应的有车床、铣床、磨床、镗床、钻床、刨床及齿轮加工机床等，所用的刀具有车刀、铣刀、砂轮、镗刀、钻头、刨刀、齿轮加工刀具等。

为了实现切削加工，刀具与工件之间必须有相对的切削运动，根据在切削加工中所起的作用不同，切削运动可分为主运动和进给运动。如图4-5所示，主运动 I 是切除多余材料所需的基本运动，它的运动速度最高，在切削运动中消耗功率最多。进给运动 II 是使待加工金属材料不断投入切削的运动，使切削工作可连续进行。对于任何切削过程而言，主运动只有一个，进给运动则可以有一个或几个。

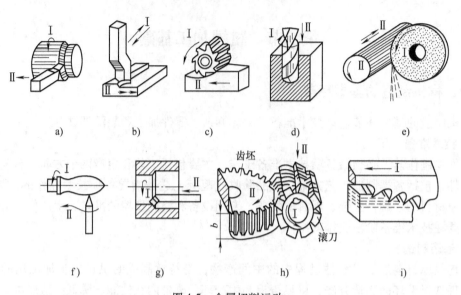

图 4-5　金属切削运动

a) 车外圆面　b) 刨平面　c) 铣平面　d) 钻孔　e) 磨外圆　f) 车成形面　g) 车内孔
h) 滚齿加工　i) 平面拉削

1. 设备及加工范围

（1）车床　车床的种类很多，但卧式车床功能范围广、适应性强、操作简单，在工业生产中得到广泛应用。C6140 卧式车床的构造如图 4-6 所示。

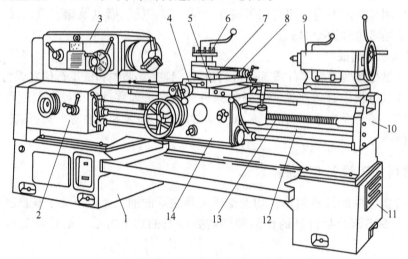

图 4-6　C6140 卧式车床的构造

1、11—床腿　2—进给箱　3—主轴箱　4—床鞍　5—中滑板　6—刀架　7—回转盘
8—小滑板　9—尾座　10—床身　12—光杠　13—丝杠　14—溜板箱

车床车削加工时，工件作回转运动，车刀作进给运动，刀尖点的运动轨迹在工件回转表面上切除一定的材料，从而形成所要求的工件的形状。工件的旋转为主运动，而刀具的进给运动可以是直线运动，也可以是曲线运动。车床的加工范围如图 4-7 所示。

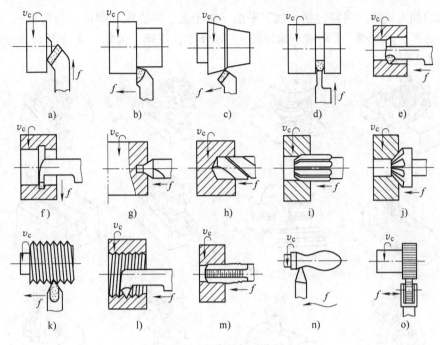

图 4-7 车床的加工范围

a) 车端面 b) 车外圆 c) 车圆锥面 d) 切槽、切断 e) 镗孔 f) 切内槽 g) 钻中心孔
h) 钻孔 i) 铰孔 j) 锪锥孔 k) 车外螺纹 l) 车内螺纹 m) 攻螺纹 n) 车成形面 o) 滚花

车削加工的公差等级一般为 IT6~IT13，表面粗糙度 Ra 为 1.6~12.5μm。进行精细车削时，公差等级可达 IT5~IT6，表面粗糙度 Ra 可达 0.1~0.4μm。

（2）铣床 铣床约占金属切削机床总数的 25% 左右。铣床的种类较多，主要有升降台式铣床、工具铣床、落地龙门铣床及专用铣床等。其中最常用的是卧式升降台铣床和立式升降台铣床。图 4-8 所示为 X6132 型卧式万能升降台铣床。

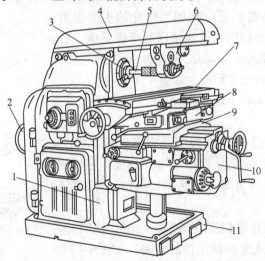

图 4-8 X6132 型卧式万能升降台铣床

1—床身 2—电动机 3—主轴 4—横梁 5—铣刀杆 6—支架
7—纵向工作台 8—回转台 9—横向工作台 10—升降台 11—底座

铣床的加工范围、内容包括：加工平面（水平面、垂直面、斜面、台阶面）、沟槽（直角沟槽、键槽、燕尾槽、T形槽、螺旋槽）、等分件（花键、齿轮、离合器）和多种成形表面，如图4-9所示。

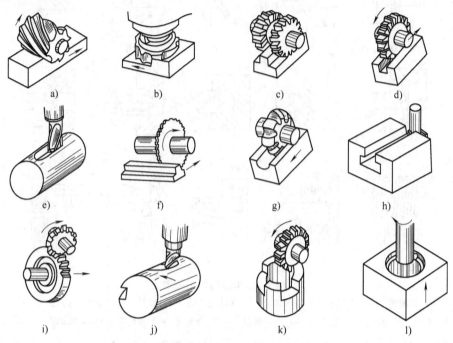

图4-9　铣床加工范围

a) 圆柱铣刀铣平面　b) 端面铣刀铣平面　c) 铣阶台　d) 铣直角通槽　e) 铣键槽　f) 切断
g) 铣特形面　h) 铣特形槽　i) 铣齿轮　j) 铣螺旋槽　k) 铣离合器　l) 镗孔

铣削加工的经济公差等级为IT7～IT9，表面粗糙度Ra为$1.6～6.3\mu m$，最低表面粗糙度值可达$0.8\mu m$。

（3）钻床　钻床是钳工进行孔加工作业的主要设备。根据其规格大小，有台式钻床、立式钻床和摇臂钻床之分，分别用于加工直径在12mm、40mm、125mm以下的孔。其中钳工作业中最常用的是台式钻床，如图4-10所示。

在钻床上可完成图4-11所示表面的加工，主要是用来钻孔、扩孔和铰孔。

钻孔的公差等级一般在IT10以下，表面粗糙度Ra为$6.3～25\mu m$。扩孔的公差等级为IT9～IT10，表面粗糙度Ra为$3.2～6.3\mu m$。铰孔的公差等级可达IT6～IT8，表面粗糙度Ra为$0.4～3.2\mu m$。

（4）台虎钳　台虎钳是钳工在錾削、锯削、锉削、矫直与弯曲等手工作业中用来夹持工件的设备，如图4-12所示。台虎钳使用前一定要牢固地固定在钳工工作台上，夹紧工件时只能用手直接操作夹紧手柄，禁止采用加长套管或用锤子敲击手柄，以免损坏丝杠螺母乃至钳身。工件应尽量装

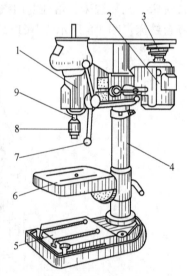

图4-10　台式钻床
1—机体　2—电动机　3—带传动机构
4—立柱　5—底坐　6—工作台
7—操作手柄　8—钻头夹　9—主轴

夹在钳口中部，作业过程中应防止錾子、锯子等切削工具直接伤及钳口。

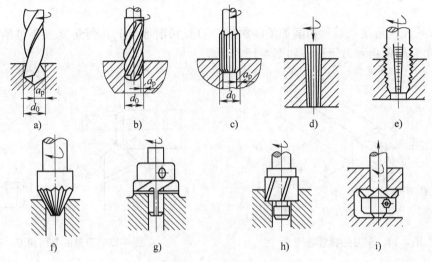

图 4-11 钻床的加工范围

a）用麻花钻钻孔 b）用扩孔钻扩孔 c、d）用铰刀铰孔 e）用丝锥攻螺纹孔

f）用锪钻锪锥坑 g）锪平台 h）锪柱坑 i）锪鱼眼坑

2. 金属切削刀具

在切削加工中，刀具直接担负切削金属材料的工作，为保证切削顺利进行，不但要求刀具在材料方面具备一定的性能，还要求刀具具有合适的几何形状。

刀具的种类繁多，形状各异。但无论哪种刀具都是由承担切削功能的切削部分和用于装夹的部分组成的。其中以车刀最为简单、常用，其他各种刀具的切削部分均可看作是车刀的演变和组合，如图 4-13 所示。

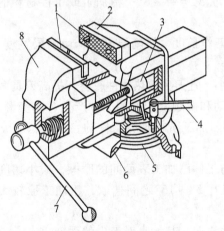

图 4-12 台虎钳

1—钳口 2—固定钳身 3—丝杠螺母机构
4—锁紧手把 5—夹紧盘 6—转盘座
7—夹紧手柄 8—活动钳身

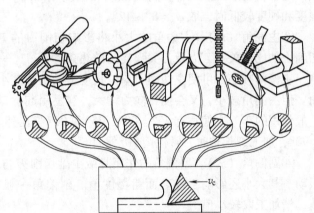

图 4-13 各种刀具切削部分的形状

（1）车刀

1）车刀的组成。车刀的典型结构如图 4-14 所示，切削部分为刀头，它由三面〔前

（刀）面，主后（刀）面，副后（刀）面]、二刃（主切削刃，副切削刃）、一尖（刀尖）组成。

2）刀具几何角度及其对切削加工的影响。刀具切削部分的几何角度主要包括前角、后角、主偏角、副偏角和刃倾角，如图 4-15 所示。

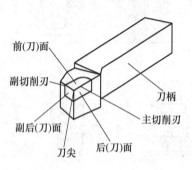

图 4-14　车刀的典型结构

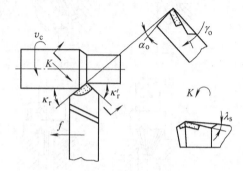

图 4-15　刀具的几何角度

①前角（γ_o）。前角的大小反映了刀具前（刀）面倾斜的程度，它影响切屑变形、切削力和切削刃强度。前角的大小主要根据工件材料、刀具材料和加工要求进行选择：工件材料的强度、硬度低，塑性好，应取较大前角；加工脆性材料，应取较小前角；加工特硬材料，应取负前角。高速钢刀具可取较大前角；硬质合金刀具应取较小前角。精加工应取较大前角，粗加工或断续切削应取较小前角。通常，用硬质合金车刀切削一般钢件，$\gamma_o = 10° \sim 15°$；切削灰铸铁工件，$\gamma_o = 5° \sim 10°$；切削高强度钢和淬硬钢，$\gamma_o = -10° \sim -5°$。

②后角（α_o）。后角的作用是减少刀具主后（刀）面与工件过渡表面之间的摩擦和磨损。增大后角，有利于提高刀具寿命。但后角过大，也会减弱切削刃强度，并使散热条件变差。通常，粗加工或工件材料的强度和硬度较高时，取 $\alpha_o = 4° \sim 8°$；精加工或工件材料的强度和硬度较低时，取 $\alpha_o = 8° \sim 12°$。

③主偏角（κ_r）。主偏角的大小将影响切削刃的工作长度、切削层厚度、切削层宽度、切削力的比例关系，以及刀尖强度和散热条件等。

主偏角减小，可使主切削刃单位长度上的负载减小，且刀尖散热条件改善，提高刀具寿命。但主偏角减小，又会使背向力增大，容易引起振动和使刚度较差的工件产生弯曲变形。一般使用的车刀主偏角有 45°、60°、75° 和 90° 等几种。加工阶梯轴类工件的台肩时，取 $\kappa_r \geqslant 90°$，加工细长轴时，常使用 90° 偏刀。

④副偏角（κ'_r）。副偏角的作用是减少副切削刃与工件已加工表面间的摩擦，减小切削振动，其大小还影响工件表面粗糙度值。副偏角一般在 5° ~ 15° 之间选取，粗加工取较大值，精加工取较小值。

⑤刃倾角（λ_s）。刃倾角的作用主要是控制切屑的流向，其大小对刀尖的强度也有一定的影响。当 $\lambda_s < 0°$ 时，切屑流向工件已加工表面，刀尖强度较好，适宜粗加工；当 $\lambda_s > 0°$ 时，切屑流向工件待加工表面，保护已加工表面免遭切屑划伤，但此时刀尖强度较差，适应于精加工。

（2）手锯　手锯是钳工的基本工具之一，手锯由锯弓和锯条组成。可调锯弓如图 4-16 所示。

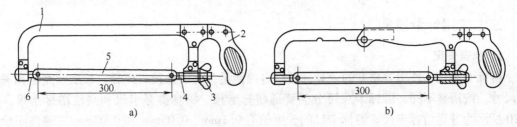

图 4-16 手锯

a）固定锯弓手锯 b）可调锯弓手锯

1—弓架 2—锯柄 3—蝶形螺母 4—活动拉杆 5—锯条 6—固定拉杆

锯条是锯削加工的刀具，其切削部分是具有锋利刃口的锯齿。为减少锯削时的摩擦阻力，增大锯缝宽度，防止夹锯，通常将锯齿制成左右交错排列的两排。根据锯齿的大小，锯条分为粗齿、中齿、细齿三种类型。常用的锯条规格是：长 300mm，宽 12mm，厚 0.8mm。锯削加工中，手锯向前推进是切削过程，返回时为排屑过程，所以安装锯条时必须使锯齿的方向朝前，如图 4-17 所示。

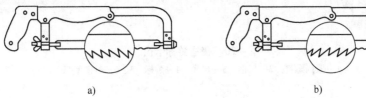

图 4-17 锯条的安装

a）正确 b）错误

（3）锉刀 锉刀是锉削加工的刀具，用碳素工具钢 T12A 制成，经热处理后其切削部分硬度达 62～67HRC。锉刀的构造如图 4-18 所示，主要由锉身与锉柄两部分组成。锉身的工作部分是带锉齿的上、下锉面和锉边。锉刀的锉齿由专门的剁锉机剁出，其形状及锉削原理如图 4-19 所示。

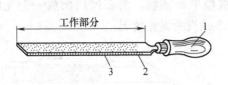

图 4-18 锉刀的构造

1—锉柄 2—锉面 3—锉边

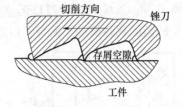

图 4-19 锉齿的形状及锉削原理

根据锉刀的用途不同，锉刀可分为普通锉刀、整形锉刀和特种锉刀三种。普通锉刀有扁锉及方锉、三角锉及圆锉等多种结构形式，用于锉削一般工件；整形锉刀又称什锦锉刀，主要用于各种内腔表面的修整加工；特种锉刀品种较少，用于复杂行腔内表面的加工。

锉齿粗细的选择主要取决于工件加工余量大小、尺寸精度和表面粗糙度要求。粗加工用粗齿锉刀，精加工用细齿锉刀。锉刀的规格尺寸取决于工件的加工面积与加工余量。一般加工面积大、余量多的工件，使用较大的锉刀。锉刀的截面形状取决于工件加工部位的形状。

三、常用计量器具

1. 游标卡尺

游标卡尺是一种中等精度的量具，可以直接测量工件的外径、内径、长度、宽度和深度等尺寸。按用途不同，游标卡尺可分为普通游标卡尺、深度游标卡尺和高度游标卡尺，图4-20 所示为普通游标卡尺。游标卡尺的分度值有 0.1mm、0.05mm 和 0.02mm 三种，测量范围有 0~125mm、0~150mm、0~220mm 及 0~300mm 等。

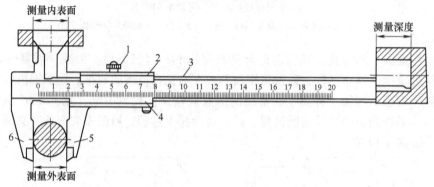

图 4-20　普通游标卡尺

1—紧固螺钉　2—尺框　3—尺身　4—游标　5、6—外测量爪

2. 直角尺

直角尺是检验直角用的非刻线量尺，用于检查工件的垂直度。当直角尺的一边与工件一面贴紧，工件的另一面与角尺的另一边之间露出缝隙，即可根据缝隙大小判断角度的误差情况。直角尺如图 4-21 所示。

3. 刀口形直尺

刀口形直尺是用光隙法检验直线度或平面度的直尺，其形状如图 4-22 所示。

刀口形直尺的规格用刀口长度表示，常用的有 75mm、125mm、175mm、225mm 和 300mm 等几种。检验时，将刀口形直尺的刀口与被检平面接触，而在尺后面放一个光源，然后从尺的侧面观察被检平面与刀口之间的漏光大小并判断误差情况。

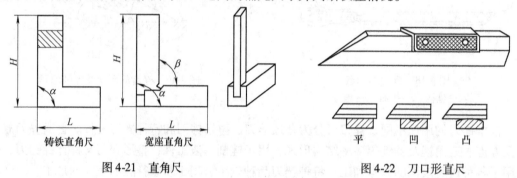

图 4-21　直角尺　　　　　　　　　　　　图 4-22　刀口形直尺

4. 千分尺

千分尺是一种精密量具，它的分度值为 0.01mm，比游标卡尺高而且比较灵敏。因此对于加工精度要求较高的工件尺寸要用千分尺来测量。千分尺有外径千分尺、内测千分尺和深

度千分尺，其中以外径千分尺（见图4-23）用得最多。外径千分尺的规格按测量范围分为0
~25mm、25~50mm 及50~75mm 等多种规格。使用时按被测工件的尺寸选用。

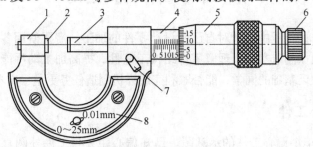

图4-23　外径千分尺

1—弓架　2—砧座　3—螺杆　4—固定套筒　5—活动套筒
6—测力装置　7—制动销　8—绝热板

　　（1）千分尺读数原理　千分尺固定套筒在轴线方向上刻有一条中线，上下两排刻线互
相错开0.5mm，即主尺。活动套筒左端圆周上刻有50等分的刻线即副尺。测微螺杆右端螺
纹的螺距为0.5mm，当微分筒每转一格，螺杆就移动0.5mm/50 = 0.01mm。

　　（2）千分尺读数方法　被测工件的尺寸 = 副尺所指的主尺上整数（应为0.5mm 的整倍
数）+ 主尺中线所指副尺的格数 × 0.01mm。
如图4-24 所示，还要估计一位。

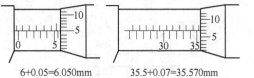

6+0.05=6.050mm　　　35.5+0.07=35.570mm

图4-24　千分尺读数

5. 百分表

　　百分表主要用于检测工件的形状和位置公
差，有钟表式和杠杆式两种。

　　钟表式百分表表面上有长指针和短指针，长指针转动一周为1mm，表面周围有等分100
格的刻线，指针每转动1 小格为0.01mm，其测量的量程较大，常用的规格是0~3mm 和0
~10mm，如图4-25a 所示。百分表装夹在磁性表架上，测量时百分表可以上下移动或转动
使测量头位置对准工件被测部位，测量时要求测量杆与被测表面保持垂直，如图4-25b 所
示；也可安装成内径百分表，用以测量内径，如图4-25c 所示。

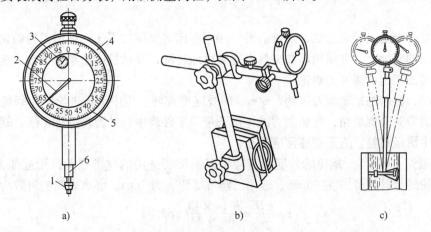

a)　　　　　　　　b)　　　　　　　　c)

图4-25　钟表式百分表

a）钟表式百分表结构　b）百分表装夹在磁性表架上　c）内径百分表
1—测量头　2—大指针　3—小指针　4—表壳　5—刻度盘　6—测量杆

第三节　制作窍门运用

在开展样机制作的过程中，针对自己所设计零件的加工，需要使用各种机械设备和工具，这是学生深刻体会机械制造实际、理解零件结构工艺性、提高加工动手能力的一次难得机会。对于机械加工操作缺乏基础的同学，能否顺利完成样机制造任务更是一次不小的挑战。

一、车小偏心工件

图 4-26 所示为车小偏心工件的示意图。已知偏心距 e 与工件外圆直径 ϕ_2，即可求出夹具套的内径 ϕ_1，$\phi_1 = 2e + \phi_2$。加工夹具套内径 ϕ_1 时，一定要注意内孔精度，以免影响工件的偏心距尺寸精度。

二、在车床上利用丝锥加工蜗轮

模数小、蜗轮直径又不大，在没有滚齿机和滚刀的情况下，可在车床上利用丝锥加工蜗轮。其方法如图 4-27 所示。

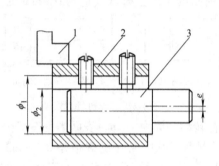

图 4-26　车小偏心工件的示意图
1—三爪卡盘　2—夹具套　3—工件

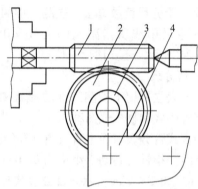

图 4-27　车床上利用丝锥加工蜗轮
1—丝锥　2—蜗轮　3—支架　4—方刀架

在自定心卡盘上装夹丝锥，丝锥的另一端用车床尾座顶尖顶住；被加工的蜗轮坯安装在车床方刀架的支架上，并使轮坯在夹具中能自由地转动；开动机床使丝锥旋转，摇动中滑板进给，便可加工出所需要的蜗轮。

加工时，自制的蜗轮滚刀以约 5m/min 的线速度旋转，用中滑板进给，使蜗轮接触旋转的刀具，因刀具有螺旋角，在切削力的作用下带动工件绕中心轴旋转进行切削。蜗轮每转一圈，移动中滑板进给，直至切够深度为止。

为了避免"错牙"，蜗轮的分度圆直径可以根据所选用的丝锥螺距，用近似方法求得。例如，蜗轮的设计直径 D 为 40mm，选用的丝锥螺距 p 为 2mm，那么蜗轮的齿数为

$$z = \frac{\pi D}{p} = \frac{3.14 \times 40}{2} = 62.83$$

在这里，齿数为非整数，因此，可选择其相近的整数 63 作为蜗轮的实际齿数，那么，实际直径为

$$D = \frac{zp}{\pi} = \frac{63 \times 2}{\pi} mm = 40.107 mm$$

三、齿轮简易加工

由机械原理可知，为了传动的平稳性，齿轮的齿廓表面曲线应为渐开线。要加工出渐开线齿廓，就其原理来说可分为仿形法和展成法两种。

仿形法是在铣床上用齿轮成形铣刀完成。图 4-28 所示为用指状铣刀加工齿轮的情况（仿形法铣齿），铣刀转动，同时齿轮毛坯随铣床工作台沿平行于齿轮轴线的方向直线移动，切出一个齿槽后，由分度机构将轮坯转过 $360°/z$ 再切制第二个齿槽，直至整个齿轮加工结束。

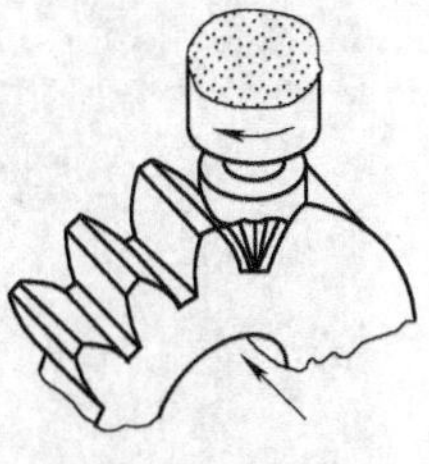

当样机中的齿轮模数小、精度要求不高时，可以将加工中心孔的中心钻磨削成与齿槽轮廓相近的指状铣刀，在铣床上运用仿形法完成齿轮加工。

图 4-28 仿形法铣齿

展成法是运用一对相互啮合齿轮的共轭齿廓互为包络的原理来加工齿廓的。用展成法加工齿轮时，常用的刀具有齿轮插刀和齿轮滚刀两大类。图 4-29 所示为在滚齿机上用齿轮滚刀切制齿轮的情况（展成法切齿）。

由于机械样机中需要许多齿轮，为了减少加工工作量，可以用金属棒料作齿坯，在滚齿机上加工如图 4-30 所示的齿轮棒，然后根据不同的需要截取获得多个齿轮。

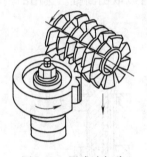

图 4-29 展成法切齿

图 4-30 齿轮棒

四、轴毂连接实现

机械样机中轴毂连接是最常见的连接。由于样机尺寸的限制，轴的直径通常比较小，而且往往采用光直轴，要求轴与毂连接时，运用最简单的结构同时完成周向和轴向固定。这时如果采用轴毂连接中典型的键连接，则加工和装配都较难。为此，可采用紧定螺钉的连接结构来实现轴毂连接。图 4-31 所示为采用紧定螺钉完成轴毂连接的两种场合。

五、避免小丝锥折断的简便方法

在比较软而韧性比较大的工件材料上，攻制小直径螺纹孔，尤其是不通孔，加上丝锥的轴线与工件表面的垂直度和螺纹的深度不好掌握，丝锥很容易折断。如采用图 4-32 所示的

图 4-31　轴毂连接结构

攻丝套管，就可以较好防止丝锥折断的问题。

采用这种方法攻螺纹的特点是：丝锥轴线与工件表面垂直度易掌握，通过改变套管长度，便能达到自行控制攻螺纹深度，避免了丝锥折断的现象。特别是对初学攻螺纹的人很有好处。

图 4-33 所示为巧取残留在螺孔中的断丝锥的方法。用螺母将钢丝固定在同一规格丝锥的容屑槽中，钢丝伸出端插入断锥的容屑槽内，反转丝锥就可以取出断锥。选用的钢丝直径大小和数量应视丝锥容屑槽数与深浅而定。

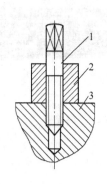

图 4-32　攻丝套管
1—丝锥　2—套管　3—工件

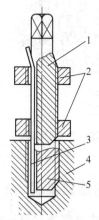

图 4-33　取断丝锥
1—丝锥　2—螺母　3—钢丝
4—工件　5—断丝锥

六、锯薄板

薄板比较难锯，特别是厚度在 0.5mm 左右的薄板，即便是使用细齿锯条也不好锯，原因是工件的厚度等于或小于锯条的齿距时，锯齿尖容易钩住工件而把锯齿打掉。有时把锯条反装或用旧锯条来锯，情况会有所改善，但仍会打掉锯齿。为了改变这种状况，可将锯条在砂轮上轻轻磨去齿尖，使齿尖的后角为0，这样就增加了锯齿在工件上的支承面积和齿尖强度，减小了齿隙，所以就不会打掉锯齿。另外由于锯齿硬度高，两齿之间有一定的间隙，薄板上的支承面积小而压力大，所以比较容易切入工件，这样就可以大胆地锯削，工效反而提高了。采用这种方法可以锯切0.5~3mm厚的薄板，只要锯条不折断，可以重磨几次，延长了锯条的使用寿命。

手锯条崩齿后，即便是一个齿，也不可继续使用，不然相邻后面的齿也会相继崩掉。为了使崩齿的锯条继续使用，可采用砂轮将崩齿的地方磨成很浅的大直径圆弧，以便使锯削时顺利通过，不至于卡住。

第四节　样机装配与调试

装配工作是样机制造过程中的最后一项工作，装配工作的好坏，对样机的质量起着决定性的作用。相配零件之间的配合精度不符合要求、相对位置不准确，都会影响机器的工作性能，严重时会使机器无法正常工作。而装配质量差的机器，其精度低、性能差、功耗大、寿命短，将造成很大的损失。相反，虽然某些零件的精度并不很高，但经过仔细的修配、精确的调整后，仍可能装配出性能良好的产品来。所以装配是一项十分重要而细致的工作，必须认真对待。

一、样机装配的过程

1. 装配前的准备

1）熟悉装配图样和技术要求，明确样机的结构、零件的作用以及相互间的连接关系。

2）确定装配的方法、顺序，准备所需的工具。

3）对零件进行清洗和清理工作。

4）对有些零件进行刮削和修配；对旋转零部件进行平衡试验；对密封零部件进行密封性试验等。

2. 装配

创新设计作品往往包含有多个功能部件，其装配工作可分部件装配和总装配两个阶段进行。

（1）部件装配　在总装之前将两个以上的零件组合在一起或将零件与组合件结合起来而成为一个装配单元，称部件装配。如行走底盘的装配、抓取机械手的装配等。

（2）总装配　将零件和部件结合成一套完整产品的过程称为总装配。对于机械创新设计，样机的总装配常常在具备调试运行的工作场地进行。

3. 调整、检验和试车

（1）调整工作　调整各零件、机构间的相互位置、配合间隙，使各机构工作协调。如轴承间隙、齿轮啮合的相对位置和摩擦离合器松紧的调整。

（2）检查检验工装的工作精度和几何精度　包括工作精度检验和几何精度检验（有的机器则不需要做这项工作）。

（3）试车　试验样机运转的灵活性、振动、工作温升、噪声、转速、功率等性能是否符合要求。将样机放在实际工作条件的场地中试用，以检验能否满足任务要求，完成动作的可靠性、合理性和安全性。

4. 涂装、涂油、装箱

二、装配方法和注意事项

为了使相配零件得到要求的配合精度，装配方法有互换装配法、分组装配法、调整装配法和修配装配法四种。作为机械创新设计的作品，多属于单件制造，通常采用修配装配法，即在装配时修去指定零件上预留修配量，以达到装配精度的方法。其特点是零件的加工精度可大大降低，无需采用高精度的加工设备，而又能得到很高的装配精度。但修配装配法的装配工作复杂，故不适宜在大批量生产中采用。

要保证样机的装配质量，最重要的是按照规定的装配技术要求去执行。不同机械产品的装配要求虽不尽相同，但在装配过程中有许多工作要点是必须共同遵守的，它们包括：

（1）做好零件的清理和清洗工作　清理工作包括去除残留的型砂、铁锈、切屑等，对于孔、槽、沟及其他容易存留杂物的地方，尤其应仔细进行。零件加工后的去毛刺、倒角工作应保证做得完善，但要防止因动作粗暴而损伤其他表面或影响精度。

零件的清洗工作一般都是不可缺少的，其清洁的程度，可视相配表面的精密性高低，允许有所差别，例如，对于轴承、液压元件和密封件等精密零件的清洁程度，要求应十分严格。特别要引起注意的是：对于已经仔细清洗过的零件，装配时随意拿棉纱再去擦几下，这反而是一种不清洁的做法。

（2）相配表面在配合或连接前，一般都需加润滑油　因为如果在配合或连接之后再加润滑油，往往不方便和不全面。这将导致机器在起动阶段因一旦不能及时润滑而加剧磨损。对于过盈连接件，配合表面如缺乏润滑，则当敲入或压合时更易发生拉毛现象。活动连接的配合表面当缺少润滑时，即使配合间隙准确，也常常因有卡滞而影响正常的活动性能，而有时还会被误认为配合不符合要求。

（3）相配零件的配合尺寸要准确　装配时，对于某些较重要的配合尺寸应进行复验或抽验，这常常是很必要的，尤其是当需要知道实际的配合间隙或过盈时。过盈配合的连接一般都不宜在装配后再拆下重装，所以对实际过盈量的准确性更要十分重视。

（4）做到边装配边检查　当所装配的产品较复杂时，每装完一部分就应检查一下是否符合要求，而不要等大部分或全部装配完成后再检查，此时如发现问题往往为时已晚，有的甚至不易查出问题产生的原因。

在对螺纹连接件进行紧固的过程中，还应注意对其他有关零部件的影响，即随着螺纹连接件的逐渐拧紧，有关的零部件位置也可能有所变动，此时要防止发生卡住、碰撞等情况，以免产生附加应力而使零部件变形或损坏。

（5）试车时的事前检查和起动过程的监视　试车意味着机器将开始运动并经受负荷的考验，不能盲目从事，因为这是最有可能出现问题的阶段。试车前，作一次全面的检查是很必要的，例如，装配工作的完整性、各连接部分的准确性和可靠性、活动件运动的灵活性、润滑系统是否正常等。在确保都准确无误和安全的条件下，方可开车运转。

当机器起动后，应立即全面观察主要工作参数和各运动件的运动是否正常。主要工作参数包括润滑油的压力和温度、机器的振动和噪声、机器有关部位的温度等。只有当起动阶段各运行指标均正常、稳定时，才有条件进行下一阶段的试车内容。

三、典型组件的装配

图 4-34 所示为锥齿轮轴组件，由锥齿轮轴、圆柱齿轮组成，经由一对圆锥滚子轴承安装于轴承套中。

锥齿轮轴组件的装配步骤如下：

1）根据装配图将零件编号，并且将零件对号计件。

2）清洗，去除油污、灰尘和切屑。

3）修整、修锉锐角，局部试装。

4）制订锥齿轮轴组件的装配单元系统图。

①分析锥齿轮轴组件装配图和装配顺序，如图 4-35 所示，并确定装配基准零件。

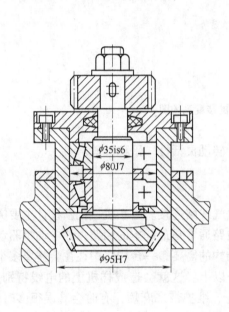

图 4-34　锥齿轮轴组件

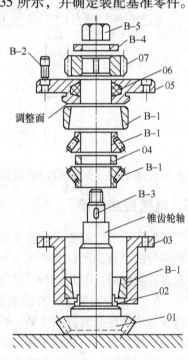

图 4-35　锥齿轮轴组件的装配顺序

②绘一横线，如图 4-36 所示，左端标上装配基准件（锥齿轮轴），按装配顺序，自左至右在横线上下列出零件（线上）、分组件（线下）的代号、名称、件数。

③至横线右端装毕，标上组件的名称、代号、件数。

5）分组件组装，如 B-1 轴承外圈与 03 轴承套装配成轴承套分组件。

6）组件组装。以 01 锥齿轮为基准零件，将其他零件和分组件按一定的技术要求和顺序装配成锥齿轮轴组件。

7）检验。

①按装配单元系统图检查各装配组件和零件是否装配正确。

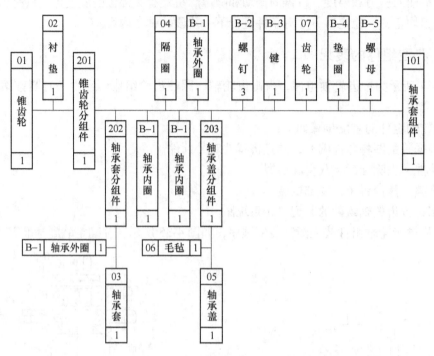

图 4-36　锥齿轮轴组件的装配系统图

②按装配图的技术要求检验装配质量，如轴的转动灵活性、平稳性等。

四、电气线路连接

　　样机装配完成后，就要着手整个动力系统的电气线路连接。由于机械创新设计主要突出的是机械部分的创新，所以其样机所运用的电气线路通常是最基本的回路，如电动机驱动的主电路及其控制电路。但是，为了简化机械传动结构的需要，一台样机中往往会需要多个驱动电动机，6～7个最为常见，有的甚至需要10个以上。这就会造成样机上的电线特别多，机器工作容易出现电线缠绕和扯断，给电路的检查、维护带来麻烦，有时会耽误很多时间。更可怕的是在比赛现场，线路故障会因机器不能运转而影响成绩。为了尽可能减少此类麻烦，建议将电线进行包扎，接头连接运用接插件，如图4-37、图4-38所示。

图 4-37　电线的包扎

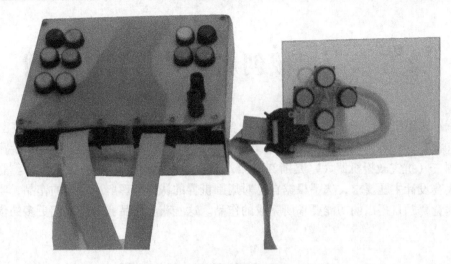

图 4-38 接插件的运用

第五章 机械创新设计与制作实例

本章给出了机械创新设计与制作的三个实例。其中，实例一（全自动双面擦窗器）和实例二（汽车防误踩油门系统）分别是第三、第四届全国机械创新设计大赛的参赛获奖作品，实例三（抗灾救援机器人）是浙江省第八届机械设计竞赛的参赛获奖作品。前两实例是根据大赛设计主题要求，选手根据自己对周围世界的认识和理解所完成的作品，实例三是直接根据竞赛题目提出的功能要求所完成的作品。这些获奖作品会带给我们更多的借鉴和启发。

实例一　全自动双面擦窗器

设计者：×××，×××，×××

（××××职业技术学院　杭州 310053）

作品简介

解决玻璃窗户的自动化擦洗问题是极具现实意义和实用价值的课题，尤其是高层建筑的外窗擦洗。本作品是在大量的市场调研的基础上，通过对各种擦窗装置分析比较，采用以机械结构为主，辅以自动化控制的一种面向带框移动式窗户的双面擦窗器。

本作品以移动窗框作为导轨，利用六轮导向机构实现上下运动。为保证两手掌实现同步擦洗的功能，由电动机直接驱动一边同步带轮，再通过中间齿轮轴上的两个齿轮实现二次互为倒数的传动，带动另一边的同步带轮实现双面同步运动，保证了两面手掌左右同步移动，完成左、右方向的擦洗。手掌自动压紧机构确保有效清洗玻璃，快速换布机构和可自由张开的手臂使本作品在使用上快速、高效。利用单片机控制使作品的擦洗工作自动化。

本作品自动化程度高，可大大降低人工劳动强度，工作安全可靠，设备体积小，重量轻，操作方便，便于携带。可广泛应用于家庭、办公楼、酒店等各类可移动窗户，具有很大的市场推广应用价值。

关键词： 全自动，双面，擦窗器

一、研制背景及意义

目前来看，各类玻璃窗在家庭、办公楼、酒店等得到了广泛的使用。但由于工作的繁忙、生活节奏的不断加快，玻璃外窗的清洗越来越成为一大生活问题。最原始的外窗清洗方法就是手拿湿毛巾爬上窗户将手伸出窗外进行擦洗，其擦洗难度之大、危险性之高可想而知。因此人们想了个办法，利用一根竿子代替人手，在竿子的一端绑一块擦布伸出窗外进行外窗的清洗，如此危险性降低了，但效率和擦洗效果也大大的降低了。于是另一种擦洗方法随即出现，那就是磁石式双面玻璃擦洗器，但其主要缺点就是擦洗的高度为一人举手的高度，要擦洗较高的地方就要站到梯子上，如此甚为不便。当今社会，人们住在高楼大厦之中，擦窗会有坠楼的危险。为了保障人身安全，也为了改善住宅环境，人们迫切需要一个全自动的、能实现双面同时擦洗的擦窗器。为此，在分析总结已有的产品的基础上，我们设计并制作了一台全自动双面擦窗器，以帮助人们实现内外窗双面的擦洗工作，降低了劳动强度，减少了危险性，尤其是处于高层建筑的家庭或办公室。

二、设计方案

本设计方案的总体思路是以窗框作为擦窗器上、下运动的导轨，利用手臂上的两同步运动的滑块带动擦洗手掌左、右移动来实现玻璃窗的清洗。

通过凸轮转动使两卡紧连杆沿凸轮圆弧面转动，使前四个滚轮和后两个摩擦轮卡紧于玻璃窗框上，用电动机带动主动摩擦轮转动，从而使从动摩擦轮和四个前卡紧轮实现转动，确保全自动双面擦窗器沿着玻璃窗框上、下平稳的运动并完成上、下的擦洗。

为了保证两擦洗手掌实现同步擦洗的功能，本方案采用一个中间传动齿轮轴，由电动机直接驱动单边同步带轮，通过中间齿轮轴上齿轮传动，带动另一边的同步带轮实现双面同步运动，从而保证了两面擦洗手掌左、右同步移动，完成左、右的方向的擦洗工作。其传动路线如图 5-1 所示。

在运动过程中为了确保传动齿轮的准确啮合和手臂能稳定的固定于夹持体上，本方案设计一个卡扣，使工作过程中传动齿轮的准确啮合和手臂平行并贴合在夹持体上。为确保擦洗手掌能够合理地接触于玻璃窗面，并同时给玻璃一定的正应力，以保证良好的擦洗效果，本方

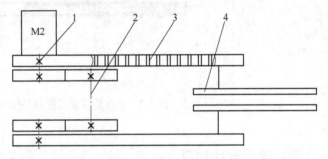

图 5-1　双面同步传动图
1—同步带轮　2—中间传动齿轮轴
3—同步带　4—擦洗手掌

案利用滑块中的弹簧，使擦洗手掌自动与玻璃接触，保证平稳、可靠的工作效果，达到了擦洗手掌自动定位并压紧的效果。

在清洗的过程中，擦布变脏和粘满灰尘是必然产生的现象，这也是在设计过程中需要解决的问题。为了方便人们在擦洗中更快更换擦布，设计了卡簧机构和快速换擦洗手掌机构，卡簧机构是通过卡簧的卡紧力作用将擦布卡紧在擦洗手掌上；快速换擦洗手掌机构是直接将擦洗手掌从滑块上拔出更换后备擦洗手掌，这样可以减少人们换擦布的时间，保证用干净的擦布擦洗玻璃窗。

为了使全自动双面擦窗器实现自动化，本方案采用了单片机控制，实现上、下、左、右运动的自动控制，完成整面玻璃的擦洗工作。

（1）全自动双面擦窗器电气控制工作流程　电气启动—随程序自动运行—运行至完成。中间可以根据工作状态的要求来调节擦洗的效果，如进行擦布更换、位置调整等。

（2）全自动双面擦窗器的工作流程　安装—工作启动—合理调整—工作运行至完成。

全自动双面擦窗器总体结构方案图如图 5-2 所示。

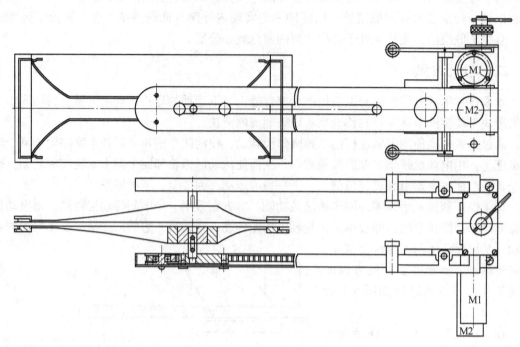

图 5-2　全自动双面擦窗器总体结构方案图

三、理论设计计算

1. 凸轮的作用与工作行程计算

（1）凸轮机构的作用　通过凸轮的转动带动连杆将滚轮和主、从动摩擦轮卡紧于玻璃窗框上，使全自动双面擦墙器在玻璃窗框上沿轨道运动，完成擦洗工作。

（2）凸轮机构卡紧分析　当锁紧螺母松开时，凸轮正好处于张开状态，随着凸轮的顺时针转动，连杆也沿着凸轮的圆弧面绕支点转动，当转到一定的角度时，滚轮正好与窗框卡住，并将锁紧螺母锁紧，使六轮卡紧于玻璃窗框。根据凸轮行程图（见图5-3）可知，凸轮行程满足夹紧所需的要求。

凸轮的轮廓与工作行程图如图 5-3 所示；凸轮机构的工作原理如图 5-4 所示。

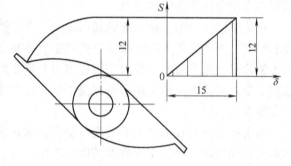

图 5-3　凸轮工作行程图

2. 卡紧性能验算

（1）最小卡紧正压力计算　全自动双面擦窗器在运动过程中为防止下落，向下滑动的摩擦阻力必须大于它本身的自重，即 $F_m \geqslant G_{自重}$；$G_{自重}$为 19.8N，f摩擦因数为 0.71。假设全自动双面擦窗器的向上摩擦力在四个导向轮和两个摩擦轮上是均匀分布的，则由 $F_m \geqslant G_{自重}$ 得

$$8fF_N \geqslant G_{自重}$$

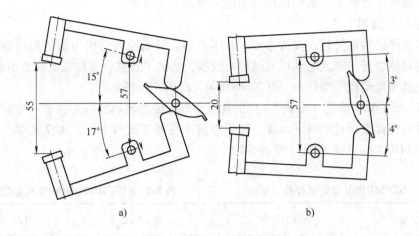

图 5-4 凸轮机构的工作原理图

a) 松开状态 b) 卡紧状态

$$F_N \geq 19.8/(0.71 \times 8) \text{ N}$$

即
$$F_N \geq 3.486N$$

所以每个导轮上的最小正压力为 3.486N。

上述分析表明：当每一个轮子上的接触面所受的正压力只需大于 3.486N 时，产生的摩擦力就大于机构的自重，这给擦窗器的安装、使用带来方便。

（2）凸轮锁紧机构受力分析 为了使连杆绕 O 点逆时针转动，凸轮会给连杆一个转矩 M_1'，连杆也给凸轮一个反作用力矩 M_1。为防止在运动过程中凸轮松开，通过螺母将拉杆上拉，带动凸轮紧贴压板面，利用螺纹的自锁功能使凸轮锁紧，螺纹自锁所产生的静摩擦力矩 M_m 将 M_1 抵消，从而保证导向轮和摩擦轮与玻璃窗框之间有足够的夹紧力。

凸轮锁紧机构的受力分析图如图 5-5 所示。

（3）螺纹自锁性检验 本机构采用了 M5 的普通螺纹，导程 $S = 0.8mm$，中径 $D_2 = 4.48mm$。

由公式
$$\tan\psi = S/\pi D_2$$

得
$$\Psi = 3.25°$$

式中 Ψ——螺纹升角。

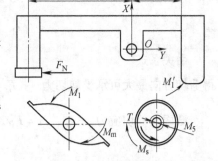

图 5-5 凸轮锁紧机构的受力分析图

已知螺纹牙型半角 $\beta = 30°$，查表得摩擦因数 $f = 1.4$，求当量摩擦角 ρ'。

由公式
$$f' = f/\cos\beta = \tan\rho'$$

得
$$f' \approx 1.6$$

即
$$\rho' = \arctan 1.6 \approx 58°$$

因为螺纹升角 $\Psi <$ 当量摩擦角 ρ'，所以自锁条件满足。这说明，通过扳动凸轮摇杆并用螺母锁紧的方法所产生的摩擦力矩 M_m 大于卡紧正压力产生的力矩 M_1，从而确保了导向轮

和摩擦轮被卡紧于窗框上，实现机构沿窗框平稳地上下运动。

3. 电动机的选用

为保证总体结构重量轻、安装方便，选用微型直流减速电动机为清洁器的驱动电动机。根据实验的具体情况，兼顾电动机的结构与性能，选购了几款合适的微型直流电动机。选用的微型直流减速电动机的型号为：ZGX24RP50i、ZGX24RP150i。

ZGX24RP50i 型电动机（见表 5-1）的优点是能保证在玻璃窗框上具有一定的自锁性能，防止全自动双面擦窗器自动向下滚落。为了擦窗器在擦洗过程中提高擦洗效率，提高转速，采用了 ZGX24RP150i 型电动机（见表 5-2）。

表 5-1　ZGX24RP50i 电动机参数对照表

电动机型号	ZGX24RP50i
额定功率/W	3
空载转速/（r/min）	50
空载电压/V	24

表 5-2　ZGX24RP150i 电动机参数对照表

电动机型号	ZGX24RP150i
额定功率/W	3
空载转速/（r/min）	150
空载电压/V	24

4. 销钉强度校验

摩擦主动轮和带轮的转动通过销钉将电动机的动力输出。为防止销钉被剪切破坏，需校核销钉的剪切强度。已知销钉直径 $d = 3\text{mm}$，许用应力为 $[\tau] = 60\text{MPa}$，电动机转速 $n = 50\text{r/min}$，功率 $P = 3\text{W}$。

由公式

$$T = 9.55 \times 10^6 \frac{P}{n} = 9.55 \times 10^6 \frac{3}{50} \text{N/mm}$$

得

$$T = 573 \text{N/mm}$$

由关系式

$$T = F_t d$$

得剪切方向最大可承受剪切力　　$F_t = (573/3) \text{N} = 191 \text{N}$

截面上的切应力

$$\tau = F_t/A = 191 \times 4/\pi d^2 = \frac{191 \times 4}{3.14 \times 3^2}$$

$$\tau = 27 \text{MPa}$$

所以　　　　　　　　　　　　　$\tau < [\tau]$

销钉强度足够。

四、主要结构部件设计

全自动双面擦窗器是以玻璃窗窗框作为导轨，依靠凸轮锁紧机构使前四导向轮和后两摩擦轮夹紧玻璃窗的窗框，通过主动摩擦轮的回转使其沿窗框自由地上、下移动，通过中间齿轮的传动使两擦洗手掌实现双面擦洗的。本双面擦窗器的主要机构可分为：六轮导向机构、双面同步传动机构、擦洗手掌自动压紧机构、快速换布机构。

1. 六轮导向机构

六轮导向机构通过前四个导向轮和后两摩擦轮贴靠在玻璃窗框上，并利用凸轮锁紧机构锁紧，从而沿窗框轨道上、下平稳运动；工作原理如下：当磨擦轮与窗框的一侧紧靠时，扳转摇杆，凸轮转动，从而带动连杆体绕轴转动，使上、下四滚轮靠紧窗框的另一侧并压紧，实现导向作用，同时，利用锁紧螺母实现本机构的锁紧。工作时，驱动电动机带动主动摩擦轮回转，在卡紧所产生的摩擦力的作用下，主动轮带动导向轮和从动摩擦轮回转，使全自动双面擦窗器实现上、下运动。使用完毕后，松开锁紧螺母，导向滚轮自动松开，轻松拆卸。六轮导向机构结构示意图如图5-6所示；六轮导向机构二维图如图5-7所示。

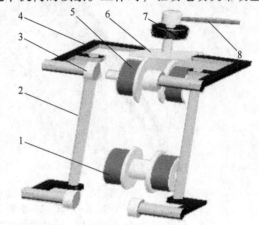

图5-6　六轮导向机构结构示意图

1—从动摩擦轮　2—连杆　3—滚轮　4—L型连杆　5—主动摩擦轮　6—凸轮　7—锁紧螺母　8—摇杆

2. 双面同步传动机构

在全自动双面擦窗器中，为了完成双面擦洗工作，采用了双面同步传动机构，利用两端齿轮齿数相同的中间齿轮轴，将左侧的运动传给右侧，实现两同步带轮同步、等速转动，保证了两个擦洗手掌实现同步移动，完成左、右擦洗工作。工作方式由电动机带动齿轮，通过中间齿轮轴的传递，将动力传递到另一侧的同步带轮上，并通过同步带传递到擦洗手掌，实现左、右移动；为了实现自动控制中间传动齿轮的换向，在擦洗手掌和手臂上安装有限位开关，当限位开关受力时，接通电路，发出信号，电动机反转，双面同步传动机构也会根据

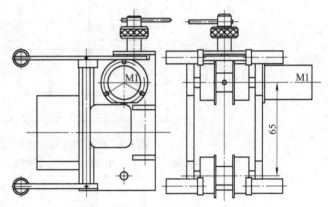

图5-7　六轮导向机构二维图

电动机的转向实现正反转的转换，从而保证擦洗手掌的左、右往复运动。双面同步传动机构结构示意图如图5-8所示；双面同步传动机构二维图如图5-9所示。

3. 擦洗手掌自动压紧机构

为提高手臂在工作时的刚性，通过卡钩将手臂固定于夹持体上，卡钩的作用除了确保手臂平行地固定于夹持体上以外，还可提高同步带轮的啮合精度，其结构如图5-10所示。

为了使擦洗手掌在移动中能够完整接触玻璃窗面，确保良好的擦洗效果，在全自动双面擦窗器的擦洗手掌上采用自动伸缩式的结构，在滑块中采用弹簧，通过弹簧的自动伸缩特点使擦洗手掌与玻璃接触时产生一定正压力，以达到平稳、可靠的擦洗效果。自动压紧机构如图5-11所示。

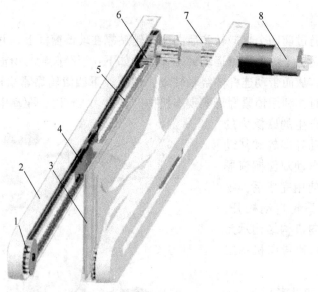

图 5-8　双面同步传动机构示意图
1—同步带轮　2—手臂　3—手掌　4—滑块　5—同步带
6—同步带轮　7—中间传动齿轮　8—电动机

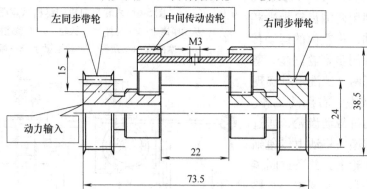

图 5-9　双面同步传动机构二维图

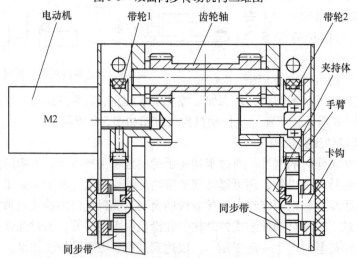

图 5-10　卡钩将手臂固定于夹持体中

4. 快速换布装置

为了方便本作品在使用过程中及时、快速的实现擦洗布的更换，在设计中采用了快速换布机构。该机构采用了卡簧式结构，直接扳开卡簧，便可更换擦洗布，操作方便，结构简单，工作可靠，不易脱落。

当清洁时，为了在使用过程中方便、及时、快速地更换擦洗布，提出清洁用快速换布机构，该机构采用了卡簧式结构，由卡式弹簧、换布架和擦洗布组成（见图5-12）。卡式弹簧的 R 与换布架的 R 配合锁紧——起到两者互卡，且固定卡式弹簧位置的作用；卡式弹簧 a 段为手柄——起到自如向外施力拆卸的作用；卡式弹簧 b 段和 c 段为擦洗布在卡式弹簧和换布架之间固定范围——起到固紧擦洗布的作用。换布架的槽宽略大于卡式弹簧的直径 ϕ；换布架的槽深 h 大于卡式弹簧的直径 ϕ，如图5-13所示。

本作品设计制作完成后，其整体结构如图5-14所示。

5. 电控设计说明

为实现全自动双面擦窗器自动操作，本设计采用单片机控制，使全自动双面擦窗器实现全自动化，结构简单，操作更加方便，设备体积更加轻巧，运动更加灵活。

（1）全自动双面擦窗器工作流程

1）工作过程：

①按下起动按钮，电动机1与电动机2同时开始正转，擦洗手掌向左移动，左限位开关闭合，电动机2反转，擦洗手掌向右移动，直至右限位开关闭合，如此作左、右往复循环。与此同时，擦窗器上升，上限位开关闭合，电动机1反转，擦窗器下降，直至下限位开关闭合，如此作上、下往复循环。整个运动路程呈"之"字形。

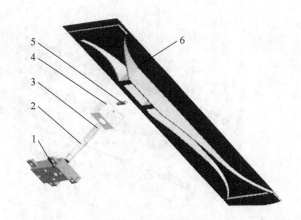

图5-11　自动压紧机构
1—滑块　2—滑套　3—弹簧　4—导向块　5—销子　6—手掌

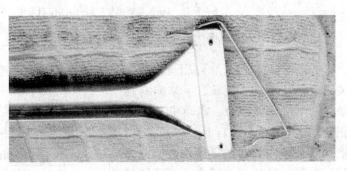

图5-12　快速换布机构

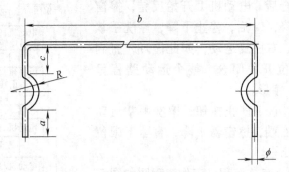

图5-13　卡式弹簧
a—扳手长度　b—卡布范围长度　R—卡簧固定作用

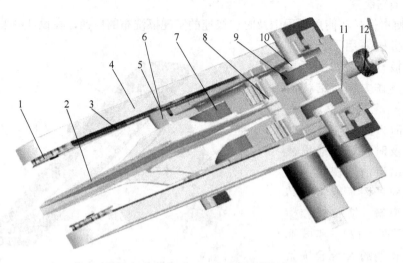

图 5-14　全自动双面擦窗器整体结构
1—同步带轮　2—擦洗手掌　3—同步带　4—手臂　5—滑块
6—导套　7—从动摩擦轮　8—中间传动齿轮　9—主动摩擦轮
10—滚轮　11—凸轮　12—锁紧螺母

②按下转换按钮，再按下起动按钮，电动机 2 开始正转，擦洗手掌向左移动，左限位开关闭合，电动机 2 反转，手掌向右移动，右限位开关闭合，电动机 1 开始正转，擦窗器上升，1s 后，停止上升，擦洗手掌作左、右往复运动，如此循环，直到上限位开关闭合。上限位开关闭合后，电动机 1 开始反转，擦窗器下降，1s 后，停止下降，擦洗手掌作左、右往复运动，如此循环，直到下限位开关闭合。整个运动路程呈"弓"字形。

③按下停止按钮，擦洗手掌运动到最右端，擦窗器下降，直至下限位开关闭合。

2）工作流程：工作流程图如图 5-15 所示。

五、创新点及应用

（1）六轮导向机构　利用窗框作引导，采用凸轮、扳转摇杆使导向滚轮和摩擦轮压紧窗框，并通过螺母锁

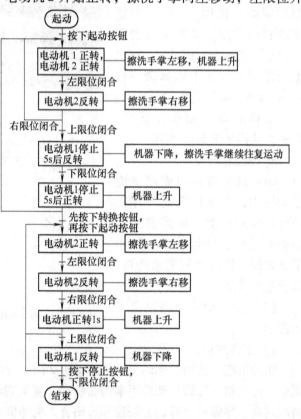

图 5-15　工作流程图

紧，保证上、下平稳移动。

（2）双面同步传动机构　利用中间齿轮与两对等速比的齿轮传动机构，使两面擦洗手掌同步移动实现擦洗。

（3）擦洗手掌自动压紧机构　利用卡钩将手臂固定于夹持体上，使两手臂在工作中处于平行状态，保证正确啮合；通过滑块中的弹簧使擦洗手掌自动与玻璃接触，并给玻璃一定的正应力，以保证平稳可靠的工作效果。

（4）卡簧式快速换布装置　通过卡簧松开和夹紧来方便更换擦洗布。

本产品可广泛应用于家庭，办公楼、酒店等各类可移动窗户，自动化程度高，可降低人工劳动强度，体积小、重量轻，操作方便，便于携带，且工作安全可靠，具有很大的市场推广应用价值。

参 考 文 献

[1]　白井良明（日）. 机器人工程［M］. 王棣棠，译. 北京：科学出版社，2001.
[2]　高小红，裴忠诚. 飞速发展的机器人技术［J］. 呼伦贝尔学院学报，2004，（06）：81-83.
[3]　冯秋官. 机械制图与计算机绘图［M］. 北京：机械工业出版社，1999.
[4]　孙学强. 机械加工工艺［M］. 北京：机械工业出版社，1999.

实例二　汽车防误踩油门系统

设计者：×××，×××，×××

（××××职业技术学院　杭州 310053）

作 品 简 介

本汽车防误踩油门系统用来预防由于汽车驾驶员误操作，错把油门当制动猛踩而造成的交通事故。该系统示意图如图 5-16 所示，主要由惯性触发器、油门复位器和制动响应器三部分组成，通过分辨误踩油门动作，及时释放油门拉线、起动制动系统，使汽车立即停止前行，从而起到防误踩油门的效果。本作品用于现实汽车改装时，具有不破坏车体原有内部结构、不影响汽车原有驾驶操作习惯、造价低、稳定性好等优点。

一、研制背景及意义

针对"关爱生命，奉献社会"的主题，人们关注生活中的种种安全问题。据国家统计局 2008 年全国九大生产安全事故统计，道路交通安全事故的总量和死亡人数居各行业生产安全事故第一位，死亡 73484 人，占到统计总数的 80% 以上。可见，道路交通是现代社会对人类生命安全威胁最大的因素之一，值得引起注意。

分析我们周围所发生的道路交通安全事故可以发现，因驾驶员操作失误，在紧张或慌乱的非常时刻误踩油门而引发的交通事故占了很大的比重。近些年，由于家用汽车的迅速普及，这种误踩油门引起的事故悲剧也屡见报端，例如，2010 年 3 月 18 日杭州某公路技师学院，一位学驾驶的女学员，因操作失误错把油门当刹车踩，驾车冲倒围墙（见图 5-17），撞上墙外上学经过的小学生，导致小学生不幸身亡……

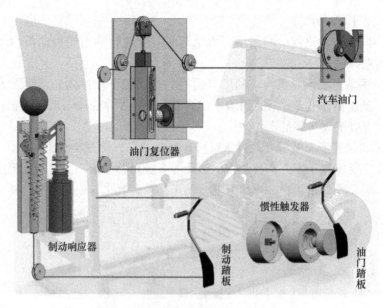

图 5-16　防误踩油门系统示意图

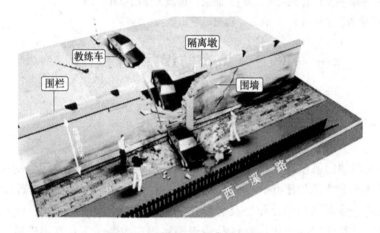

图 5-17　误踩油门驾车冲倒围墙

　　为了使这样的惨剧不再发生，我们设计并制作了汽车防误踩油门系统，专门预防这种因驾驶员误踩油门引起的交通事故。

二、设计方案

　　查阅现有汽车防误踩油门系统的相关资料，发现目前这类装置大体分为三种。

　　第一种是改变现有制动的结构，左、右脚分开操作，左脚控制油门，右脚控制制动。这种装置在正常操作的时候可以避免误操作。缺点是在紧急状态下，容易出现左、右脚动力出错。

　　第二种是通过一些电子元件、光控元件对速度进行检测，设计出应急制动装置。缺点是成本较高，对原有装置的改动较大。

　　第三种是通过安装弹簧-质量块系统来感应油门踏板的加速度，进而接通动作电路，采用电磁阀切断油路和用电动绞盘拉动制动踏板实现制动。缺点是改装工作量大、绞盘拉动踏板的速度较慢。

针对上述不足，设计制作一种成本低，改装方便，紧急状态下能快速作出反应，及时停车制动的汽车防误踩油门系统具有现实意义。

人们通过对汽车驾驶过程中误踩油门进行的多次实践体验，认识到要将误踩油门时所发生的汽车前冲立即切换成汽车的及时制动，需要解决以下几个问题：

1）区分出误踩油门和正常踩油门两种不同的操作动作。

2）在发生误踩油门时立即关闭油门。

3）在发生误踩油门时立即启动制动。

考虑到不改变驾驶员的原有操作习惯，以及作品在实际汽车改装和使用上的方便，整个防误踩系统设计成如下三个部分：

1）惯性触发器：用来区分误踩油门和正常踩油门，并将误踩动作及时以电信号输出。

2）制动响应器：用来启动汽车的制动装置，完成汽车的及时制动。

3）油门复位器：用来释放油门拉线，及时关闭油门而切断汽车供油。

1. 惯性触发器

（1）结构组成　惯性触发器主要由惯性锤1、弹簧2、外套3、触点开关4、保护套5等组成，如图5-18所示。其中，惯性锤与上套为间隙配合，在弹簧的作用下平时浮动于套内，此时与触点开关保持足够的距离，不会触动开关。

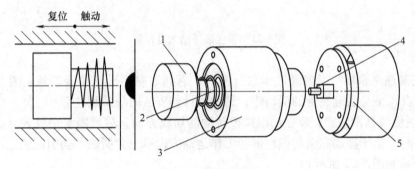

图5-18　惯性触发器

1—惯性锤　2—弹簧　3—外套　4—触点开关　5—保护套

由于油门踏板被踩动时，踏板末端的线速度最大，惯性效果最明显。为了提高惯性触发器的灵敏度，惯性触发器应安装在油门踏板的末端，如图5-19所示。

（2）工作过程　惯性触发器区分误踩油门和正常踩油门的工作过程如图5-20和图5-21所示。

正常踩油门时，踩踏板的用力均匀，速度缓慢。装在油门踏板后侧的惯性触发器没有获得足够的加速度，装置中的弹簧托着惯性锤在内套中浮动，惯性锤不触及开关。

误踩油门时，踩油门踏板用力较大，速度较快，装在油门踏板后侧的惯性触发器随着油门踏板得到了一个较大的加速度，装置中的惯性锤因为惯性压缩弹簧而前冲，触点撞击开关，启动装置。

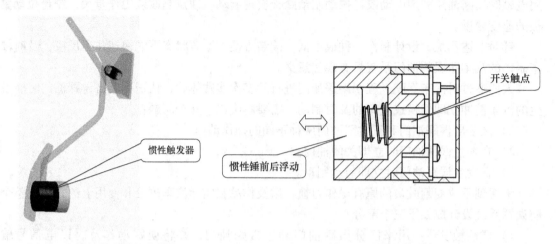

图 5-19　惯性触发器的安装位置　　　　　　　　图 5-20　惯性锤浮动

图 5-21　惯性锤浮动撞击开关

（3）安装注意事项　考虑到汽车在行驶时，遇到道路不平车体会颠簸，紧急制动时车体前冲等情况可能会引起装置的误动作，结构设计与安装时应特别注意：

1）将惯性锤触发装置安装在油门踏板转动的切线方向，尽可能水平放置。这样，当路面颠簸不平时，由于振动方向与惯性锤的工作运动方向垂直，所以不会引起惯性锤的错误动作。具体关系如图 5-22 所示。

2）按照工作要求挑选惯性锤中的弹簧（计算过程见后）。通过选择合适的弹簧特性，防止正常加速时，惯性锤产生误动作而触及开关（汽车正常紧急制动造成的惯性锤动作不影响安全性，因为其结果也是制动）。

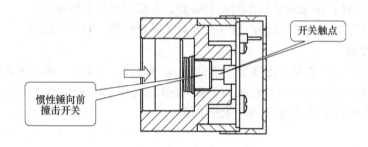

图 5-22　汽车振动方向
与弹簧浮动方向垂直

2. 制动响应器

（1）拟订方案

1）制动响应器应能实现的功能。当惯性触发器动作后能及时将电信号转换为制动动作。为了不破坏原有车体结构，不影响制动踏板正常踩踏动作，同时考虑到启动装置后需要及时复位，我们想到了用外置弹簧拉线装置拉动原有制动踏板制动的办法，如图 5-23 所示。

2）工作原理。当惯性触发器动作使电路接通后，电磁铁通电，铁心吸入，带动旋转卡销座旋转而脱离拉杆，弹簧拉杆在弹簧力作用下，沿着滑道瞬间被拉到最上方，钢绳收紧，钢绳通过滑轮把制动踏板拉下，汽车随即制动。复位时将球形手柄下推，弹簧拉杆下滑，旋转卡销在电磁铁弹簧的上推作用下旋转，将卡销重新嵌入卡槽。

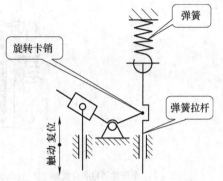

（2）结构组成 制动响应器的结构如图5-24所示，主要由弹簧拉杆、连接块、电磁铁、旋转卡销、旋转卡销盖板、主连接板、主套、行程开关连接板、行程开关、信号开关、斜面导向块及拉簧等组成。

图 5-23 制动响应器机构运动简图

为了便于驾驶人及时复位制动响应器，我们将此装置安装在驾驶座椅左侧，如图5-25所示。

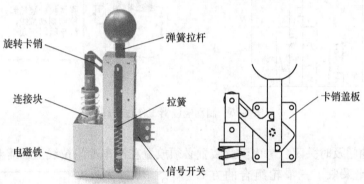

图 5-24 制动响应器的结构

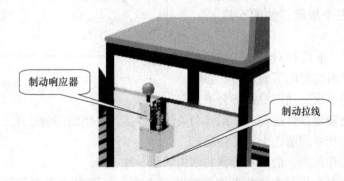

图 5-25 制动响应器安装位置示意图

（3）工作过程 制动响应器启动制动的工作过程如图5-26所示。

3. 油门复位器

（1）拟订方案

1）油门复位器应能实现的功能。当惯性触发器动作后能及时将电信号转换为油门释放

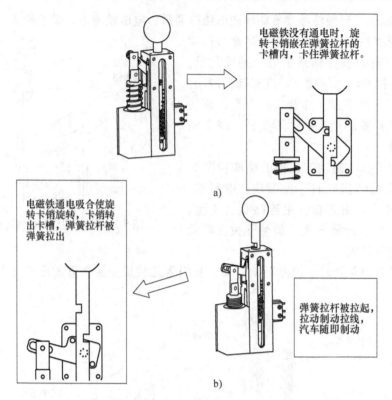

电磁铁没有通电时，旋转卡销嵌在弹簧拉杆的卡槽内，卡住弹簧拉杆。

a)

电磁铁通电吸合使旋转卡销旋转，卡销转出卡槽，弹簧拉杆被弹簧拉出

弹簧拉杆被拉起，拉动制动拉线，汽车随即制动

b)

图 5-26　制动响应器工作过程图

动作，使汽车油门及时关闭。考虑到此装置必须放置在汽车油门拉线上，需要尽可能地缩小装置体积，因此采取了三滑轮组合的方案，便于在汽车上进行改装。三滑轮组合主要包括两个固定滑轮，一个滑动滑轮。油门拉线串通过三个滑轮，如图 5-27 所示。

2）工作原理。油门拉线被拉动时，钢丝绳会对中间的滑轮有向下的压力。如果中间受压的滑轮下滑，油门拉线将会被

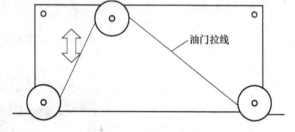

油门拉线

图 5-27　滑轮受力示意图

放松，油门盖板会随着自带扭簧的作用自动关闭，以达到关闭油门的效果。我们可以采用滑杆和限位插销来实现中间滑轮上、下移动。

（2）结构及工作过程　油门复位器的结构如图 5-28 所示。

汽车正常行驶时油门复位器的工作图如图 5-29 所示。驾驶人正常行驶踩踏油门时，电磁铁不通电，限位插销伸出在左端，滑杆被顶住，此时三个滑轮全部是固定的，油门盖板在拉线的作用下正常地旋转，控制行驶供油的多少。

当发生误踩油门时，油门复位器的工作图如图 5-30 所示。电磁铁通电动作，将限位插销向右拔出，滑杆因没有限位插销限位而下滑，汽车在油门扭力弹簧的作用下油门盖自动关闭，汽车停止供油。

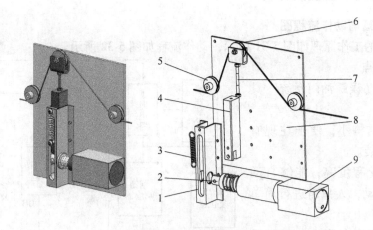

图 5-28　油门复位器的结构
1—滑道　2—限位插销　3—拉簧　4—滑杆　5—固定滑轮
6—活动滑轮　7—活动滑轮座　8—主板　9—电磁铁

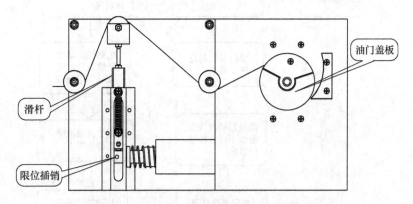

图 5-29　汽车正常行驶时油门复位器的工作图

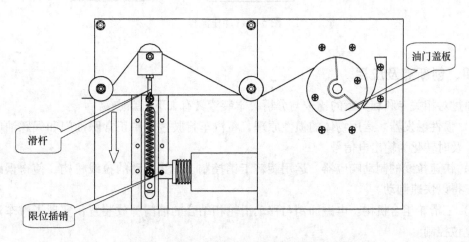

图 5-30　当误踩油门时，油门复位器的工作图

三、工作原理及性能分析

1. 工作原理与动作流程图

模拟装置的工作原理如图 5-31 所示，动作流程如图 5-32 所示。

2. 性能特点

本"汽车防误踩油门系统"具有如下特点：

1）整体结构小，便于在现有汽车上进行改装。

2）自动化程度高，能够自动完成装置的启动，人只需进行简单的复位操作。

3）不改变汽车原有的驾驶操作习惯，可以实现即装即用。

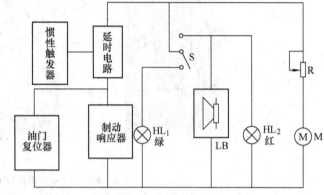

图 5-31　模拟装置的工作原理

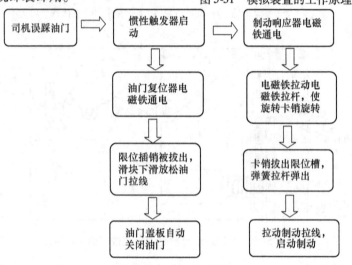

图 5-32　动作流程

四、创新点及应用

通过对相关专利和文献的比较与分析，本装置具有如下创新点：

1）惯性触发器。运用物体的惯性原理，将汽车行驶过程中正常踩油门和误踩油门进行区分，及时转化为输出电信号。

2）快速拉线的制动响应器　运用旋转卡销控制、弹簧驱动的拉线机构，使得误踩油门时汽车得以快速制动。

3）三滑轮组合机构。电磁插销与移动滑轮相结合的油门释放装置，实现了汽车油门的快速复位控制。

本装置作为汽车安全行驶的避难装置，特别适用于教练车的改装和新手用车的配置。

参 考 文 献

[1] 张钦，金圭. 汽车误踩油门纠错装置的设计 [J]，汽车电器，2008，(08)：4-6.
[2] 陈松，张娜. 基于 AT89S52 单片机的误踩油门控制器的设计 [J]. 西昌学院学报（自然科学版），2009，(03)：73-75.
[3] 谢晓升，谢怀杰. 汽车紧急制动误踩油门自动更正装置 [P]. CN100374333，2008.03.12.
[4] 黄镇江，黄松江. 武汉市广播电视局. 机动车刹车油门组合踏板 [P]. CN 02279667.3，2003.10.29.
[5] 程开海. 教练车油门安全控制器 [P]. CN201045676，2008.04.09
[6] 陈家瑞. 汽车构造 [M]. 2 版. 北京：机械工业出版社，2005.
[7] 陈长生. 机械基础 [M]. 北京：机械工业出版社，2010.

实例三　抗灾救援机器人

设计者：×××，×××，×××，×××，×××

（××××职业技术学院　杭州 310053）

作 品 简 介

本机器人总长为 300mm，横向宽度为 280mm，展开后宽度为 420mm，总高为 300mm，机械臂的三杆的长度分别为 160mm、260mm、190mm，机器人总重量为 4.8kg，机械手抓取范围在 30～120mm。整个机器人由机械驱动的车身、机械臂和机械手组成。车身行走依靠履带实现，利用双凸轮实现底盘的横向伸展与收缩。机械臂共分三节，由旋转立柱、摆动横臂及摇杆组成。通过四边形机构实现机械手的抓取功能。本装置结构简单、操作简便、安全可靠、制造成本低。

一、设计依据——第八届浙江省大学生机械设计竞赛题目

1. 竞赛内容

设计并制作"抗灾救援"机器人（以下简称机器人），提交机械设计资料，参加理论设计答辩，参加实物竞赛，能够完成一组竞赛规定的抓取动作。

2. 参赛作品的总体要求

1）机器人重量不限，但应尽可能轻。

2）机器人造价不限，但应尽可能低。

3）机器人操控可采用线控或遥控方式。

4）机器人行进方式不限。

5）机器人驱动可采用各种形式的原动机，但不允许使用人力直接驱动；若使用电动机驱动，其电源应为安全电源（动力设备自备，比赛现场仅提供 220V 交流电源）。

3. 参赛作品的内容、形式及其提交方式

（1）参赛作品内容

1）机械设计方案书 1 套。

2）机器人实物模型 1 件。

（2）机器人实物模型的制作规定

1) 实物模型应与设计方案一致。

2) 实物模型的机械零件制作除原动机、标准件、通用件及橡胶件外，均应自制。

4. 竞赛场地及用品规格

竞赛场地如图 5-33 所示，地面采用木质地板，表面铺设喷绘广告布，场地尺寸为 4500mm×1800mm，围板高度为 300mm。图 5-33 中有六个救援目标：三个圆柱体（尼龙棒，见图 5-33 中的 3 区）的高度均为 80mm，直径分别为 50mm、80mm、100mm；三个方形块（木块，见图 5-33 中的 4 区）的尺寸分别为 100mm×100mm×10mm、80mm×80mm×30mm、50mm×50mm×50mm。其中在"过河"环节中，支撑物为两根可自由移动的铝合金型材（见图 5-33 中的 2 区，尺寸为 30mm×30mm×550mm），其他尺寸见竞赛文件要求。

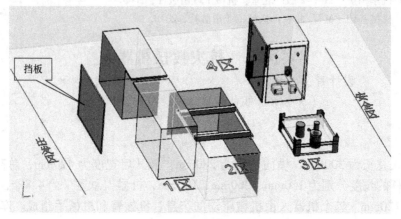

图 5-33　竞赛场地立体图

二、方案设计

1. 设计任务分析

（1）动作分析　本项目根据设计要求，机器人应能完成过障碍、隧道和桥以及抓取箱体内不同的受限物体等动作。

具体要求：抗灾救援机器人在竞赛开始前，应在出发区待命（见图 5-33），出发命令发出后，机器人绕过挡板，穿过 1 区，走过 2 区桥，然后在把 3 区里面圆柱体用机械手抓出，放到安全区；后把 4 区的方形块抓出，放到安全区；最后机器人开到安全区内。

抗灾救援机器人竞赛包括以下动作：

1) 成功穿越 1 区，伸展车身走过 2 区。

2) 机械臂的灵活动作成功抓取物体。

3) 成功把物体放到安全区。

以上动作必须在 8min 之内完成。

（2）机械装置主要组成部分　经上述分析，本机器人应由行走机构、横向伸缩机构、转向机构、连杆机构及抓取机构等五个重要部分组成。

2. 机械装置原理方案

（1）行走机构原理方案　目前，国内外的行走机构主要有轮式、履带式和足式等几种。

轮式行走机构是最常见的一种行走方式。

履带式机构称为无限轨道方式，其最大特征是将圆环状的无限轨道卷绕在多个车轮上，使车轮不直接与路面接触。利用履带可以缓冲路面状态，因此可以在各种路面条件下行走。

机器人采用履带方式有以下一些优点：

1）能通过有局部凹陷的路面。

2）能够原地旋转，利于转弯。

3）重心低，稳定性好。

由于桥是非固定的，它与地面有 25mm 间隙，采用轮式行走时，图 5-34 所示车轮会陷入在 25mm 间隙里的，电动机转动，因车轮与桥的接触点产生了向前推力，而车轮与地面的接触点也产生向前推力，导致车轮会将桥推入河中，救援车无法通过桥。

采用履带式结构时，如图 5-35 所示，当运动到 25mm 间隙，因履带没有与地面产生接触点不会产生向前的推力，救援车能顺利通过桥面。

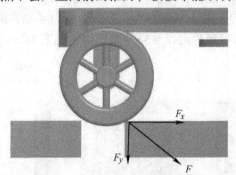

图 5-34　普通轮子过桥示意图

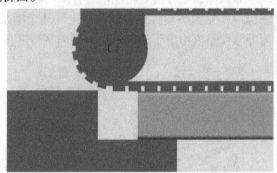

图 5-35　履带轮过桥示意图

采用履带方式行走中，可保证履带与桥面完全接触，即在过桥过程中，保证其具有稳定的方向性和车在桥上偏移时不会从桥上掉下去。

机器人展开时，总长度约为 420mm，其中轮子宽度为 40mm，为顺利过桥提供了安全的保障。当履带在桥上稍微偏斜时，由于轮子宽度足够，对机器人没有影响，可保持平稳行驶（见图 5-36）。

（2）伸缩机构　在过河前必须要完成伸展，将车宽由 280mm 伸长到 420mm，以便能运用竞赛

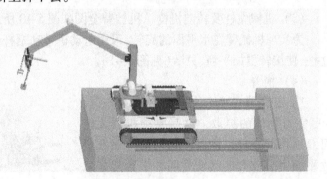

图 5-36　过桥展示

场地自带的桥过河。在机械中能实现伸缩的机构非常多，如螺旋机构、齿轮齿条机构、四杆机构和凸轮机构等。考虑到能快速实现车身的伸缩，本设计选择了由双凸轮机构来完成两侧履带轮的同时伸展和收缩（见图 5-37）。机构由电动机通过蜗杆、蜗轮带动双凸轮正反向旋转实现车体两侧履带轮的伸展与收缩。

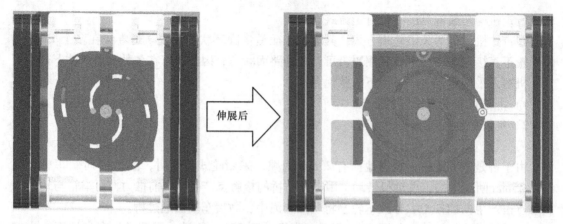

图 5-37 伸缩机构

为确保驱动时前后轮能平行伸展与收缩，应采用连杆伸缩机构和导轨伸缩机构。连杆伸缩机构（见图 5-38）是在固定板上开几个槽来导向，由于摩擦力大，导致伸缩力要非常大。而导轨伸缩机构由于摩擦力小，导向平行度高，所以最后选择导轨伸缩机构（见图 5-39）。

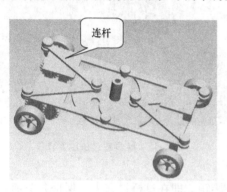

图 5-38 连杆伸缩机构

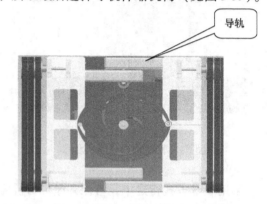

图 5-39 导轨伸缩机构

（3）机械立柱及转向机构　机械臂全图如图 5-40 所示。

为实现机械臂在水平面的旋转，采用电动机带动蜗杆、蜗轮旋转压在推力球轴承上的机械立柱，使旋转更加平稳、灵活（见图 5-41）。

（4）横臂

1）在完成整个任务中，必须在 3 区、4 区完成物体的抓取，这就要求机器人能可靠地将门推杆，所以，此机构应该在竖立平面内有较大的活动空间，举升架靠双向电动机正转将串在滑轮组上的线收起，来获得机构上升运动。电动机反转，放线，机构依靠自重以及电动机带动滑轮收线从而实现下降运动。

2）横臂的主要活动是上下方向，为了更好地抓取物体，在横臂的另一端加装上

图 5-40 机械臂全图

1—抓取机构　2—横臂　3—立柱　4—转向机构

电动机，以带动摇杆的前、后移动，使其快速、稳定地达到机械手所抓取物体的正确位置（见图5-42）。

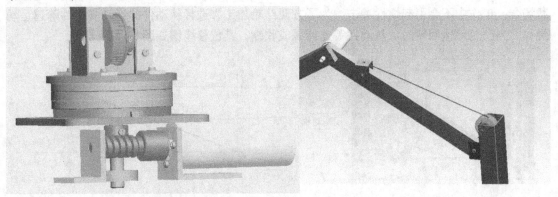

图 5-41　转向机构　　　　　　　　　　　　图 5-42　横臂

（5）抓取机构　在机器人的整个任务完成过程中，需要完成3区、4区抓取任务，通过横臂和摇杆的移动来实现机械手的前进与后退，利用机械手底部的电动机正反转来带动齿轮上的平行四边形机构，从而实现抓取物体。在完成抓取工作同时还可以利用平行四边形机构调整抓取位置，双重的调整装置使抓取过程更加可靠，使其在抓取物体时定位方便、灵活（见图5-43）。

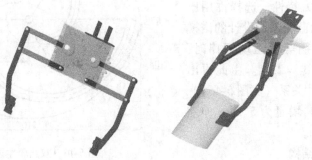

图 5-43　机械手抓取结构

三、机械结构设计

1. 行走机构

（1）主要参数的确定　根据设计的要求以及自身结构的设计确定出带轮的中心距，根据小车总长控制在300mm以内及同步带轮尺寸确定出带轮的理论中心距。

由带长555mm，带轮内径 ϕ40mm，带轮外径 ϕ44mm，设计得到中心距约为210mm。

（2）带轮与驱动电动机的位置布置　根据所购买的同步带型号以及综合尺寸的考虑，确定前、后轮中心距略大于210mm，这样可以使履带适当张紧。整车采用后轮驱动，这样可以达到较好的质量分布，防止抓取时的倾倒现象，也为过桥提供了保障。电动机与带轮的布置如图5-44所示。

（3）零件结构设计　根据机器人车身高度，设计出采用履带带轮直径为 ϕ44mm；根据轴的强度要求以及制造方便的考虑，轮轴选择采用直径为 ϕ6mm 的钢型材制作。

2. 双凸轮机构

（1）从动件的运动规律　工程中所采用的从动件运动规律有许多，本装置属于低速、轻载场合，工作中不会引起惯性冲击。为了方便凸轮加工，选择从动件的运动规律为等速运动规律。当凸轮等速回转时，从动件等速伸展或收缩，其位移线图如图 5-45 所示。

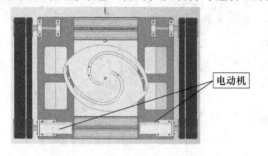

图 5-44　电动机与带轮的布置

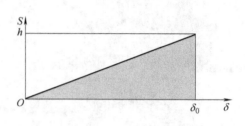

图 5-45　从动件位移线图

（2）主要参数的确定　根据几何关系，原车身宽度为 280mm，桥外侧宽为 410mm，考虑安全起见，确定车身伸展后宽度为 420mm，由此得出，从动件的行程 h = 70mm。考虑到凸轮轴与凸轮的连接结构，凸轮基圆半径 r_b = 28mm。为了确保机构具有良好的传力特性，选择许用压力角 $[\alpha]$ = 30°。由凸轮机构设计的诺模图得，当从动件采用等速运动规律时，机构的推程运动角 δ_0 = 235°。由此得出凸轮的其他主要尺寸关系（见图 5-46）。

选取凸轮旋转角增量为 5° 时，伸缩位移增量为 1.49mm。

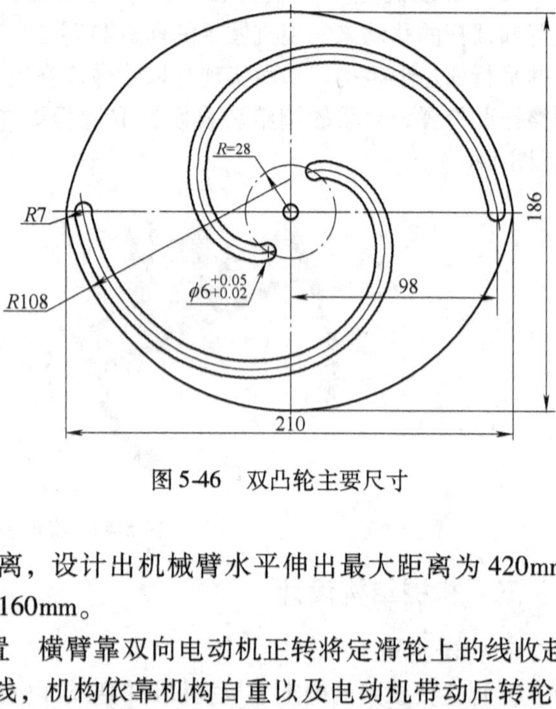

图 5-46　双凸轮主要尺寸

3. 机械手臂的结构

（1）主要参数的确定　根据设计要求以及尺寸的限定，考虑到掀板的最远距离，设计出机械臂水平伸出最大距离为 420mm，横臂长为 260mm，摇杆为 190mm，立柱长 160mm。

（2）立柱、横臂、摇杆的电动机的位置　横臂靠双向电动机正转将定滑轮上的线收起，来获得整体机构的上升。电动机反转，放线，机构依靠机构自重以及电动机带动后转轮收线，从而实现下降运动。摇杆直接利用电动机的正反转实现摆动，利用电动机的自锁来实现各方位位置的停顿或停止，结构简单，位置准确。立柱靠电动机带动蜗轮旋转，使驱动力矩增大，自锁性变好，以便更好地工作。机械手臂的电动机示意图如图 5-47 所示。

4. 抓取机构

（1）主要参数的确定　机械手由电动机带动齿轮驱动四杆机构伸缩，以达到抓取目的。电动机转速为 5r/min。考虑抓取物的最大尺寸的需要，确定机械手张开的最大距离为 120mm。

（2）电动机的位置　抓取机构是利用齿轮之间的啮合来驱动铰链四杆机构抓取的。电动机直接安装在齿轮一端，齿轮驱动的手爪结构如图 5-48 所示。

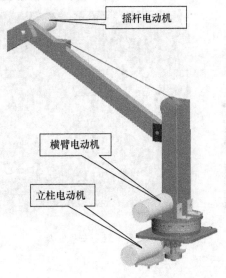

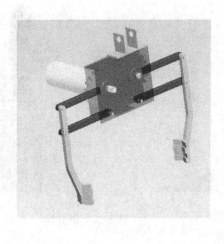

图 5-47　机械手臂的电动机示意图　　　　　图 5-48　齿轮驱动的手爪结构

（3）零件结构设计　根据机器人所需要的传动速度，合理分配其传动比，由于该齿轮的实际尺寸≤200mm，因此可采用实心式结构。确定齿轮模数 $m = 1.5$，齿数为 19，齿轮为正常齿制，故齿顶高系数为 1。计算得

齿顶圆直径　　　　$d_a = d + 2h_a = (z + 2h_a) m = (19 + 2 \times 1) \times 1.5 \text{mm} = 31.5 \text{mm}$

5. 理论设计计算（略）

四、样机及试验数据

图 5-49 ~ 图 5-52 所示为完成制作后，作品的实物照片。

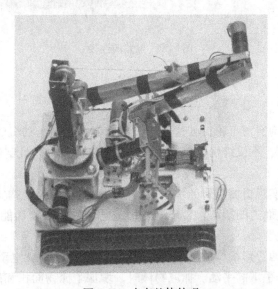

图 5-49　小车整体外观

图 5-50　机械臂

图 5-51　车身底盘

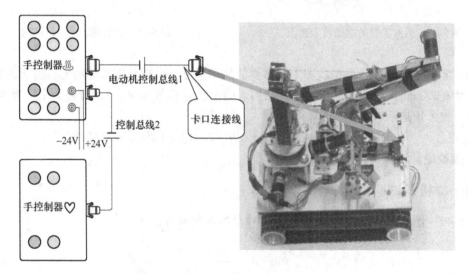

图 5-52　电路的连接

五、作品的特点

1）采用双凸轮机构实现车轮行驶宽度的快速调节。利用电动机的旋转带动双凸轮来实现车轮行驶宽度的调节，不仅结构简单、紧凑，活动构件少，而且定位精度高，能实现快速动作。

2）采用绳轮机构实现机械手臂的快速摆动。采用绳轮伸缩机构实现钢丝绳的收放，从而带动机械手臂在垂直面内的摆动；合理地利用了电动机的自锁功能，能在任意位置停留；机构运动速度快、稳定性好。

3）采用具有平行四边形机构的机械手实现机械手爪的平动。电动机-齿轮带动两个平行四边形机构动作，实现手爪的平动。抓取物体时，增加了抓物面积和高度，保证了不同尺寸物件抓取时具有相同的接触效果，使抓物更加可靠。

参 考 文 献

[1]　白井良明（日）. 机器人工程［M］. 王棣棠，译. 北京：科学出版社，2001.

[2]　高小红，裴忠诚. 飞速发展的机器人技术［J］. 呼伦贝尔学院学报，2004，（06）：81-83.

[3]　马香峰. 机器人机构学［M］. 北京：机械工业出版社，1991.

[4]　冯秋官. 机械制图与计算机绘图［M］. 北京：机械工业出版社，1999.

[5]　孙学强. 机械加工工艺［M］. 北京：机械工业出版社，1999.

[6]　钱可强. 机械制图［M］. 北京：高等教育出版社，2010.

[7]　陈长生. 机械基础综合实训［M］. 北京：机械工业出版社，2011.

第六章 创新作品的后期工作

一件成功的机械创新作品并不是有了创新的原理和结构的设计、完成了相应的样机制作就算完成任务了。而是应在些基础上做进一步的工作，能让其他人了解并且接受你的设计和制作，甚至愿意参与到作品的后期开发中来，以便让更多的人享受到创新带来的效益。所以一件成功的创新作品，其后期的工作内容还有很多。本章主要介绍创新作品后期有关设计说明书的编制、作品参赛准备和专利申请简介等内容。

第一节 设计说明书的编制

设计说明书是机械创新设计实训的整理和总结，是图样设计的理论根据，而且是审核设计的技术文件之一。因此编写设计说明书是设计工作的一个重要组成部分。

一、浙江省大学生机械设计竞赛参赛作品设计说明书格式要求

1. 总体要求

全文控制在 8 ~ 15 页以内，并按以下顺序编排：作品名 + "设计说明书"、设计者、学校名 + 院系名 + 学校所在城市 + 邮编、摘要、关键词、正文〔可自行组织，但应包括下列内容：作品背景（国内外相关研究现状）、设计制作中解决的关键技术问题的描述、作品实物或模型的照片、创新特色、预计应用前景等〕、参考文献。不加封面，采用 Word 软件编排。

2. 页面要求

A4 页面。页边距：上 25mm，下 25mm，左、右各 20mm。标准字间距，单倍行间距。不要设置页眉，页码位于页面底部居中。

3. 图表要求

插图按序编号，并加图名（位于图下方），采用嵌入型版式。图中文字用小五号宋体，符号用小五号 Times New Roman（矢量、矩阵用黑斜体）；坐标图的横、纵坐标应标注对应量的名称和符号/单位。

表格按序编号，并加表题（位于表上方）。采用三线表，必要时可加辅助线。

4. 字号、字体要求

见示例批注。

二、浙江省大学生机械设计竞赛作品设计说明书示例

油罐车注油自动控制系统设计说明书〔作品名三号黑体居中，段前、段后各 0.5 行〕

设计者：×××，×××，×××，×××，×××〔五号宋体居中〕

（××工业大学机电学院，西安 710072）〔中文：五号宋体居中；数字：Times New Roman〕

（空一行）

作品内容简介［小四号黑，居中］

通过实验设计了一套自动加油系统……（400~600字）。联系人、联系电话、EMAIL
（空一行）

1. 研制背景及意义

在新疆塔里木石油基地，目前从油井打出的原油储存到储油罐后，从储油罐向油罐车注
油时，需一个人站在油罐车上注油口旁观察油罐是否加满，而另一个人关闭阀门。因在原油
内含有大量的有毒气体（硫化氢），从安全角度考虑站在油罐车上的人必须戴上防毒面具
……

2. 主要功能和性能指标

……

3. 设计方案［节标题小四号黑体加粗，标题前数字Times New Roman加粗，段前、段
后各0.5行］

（1）电磁控制　用电磁控制比较容易实现，
但是因为防火、防爆的原因，加油区不得用电，
无法用电磁控制……

（2）气动控制　用气动控制，气源的空气
压缩机也要用电，但可以将空气压缩机放置在
远离加油区的位置。我们最终选择了这一方案，
如图6-1所示，……

气动方案设计时考虑的主要问题：
……

4. 理论设计计算

……

5．工作原理及性能分析

……

完成制作后，作品实物外形照片如图6-9
所示。

6. 创新点及应用

1）适用于向不同类型的油罐车（容积不
同、注油口高度不同）灌油。

2）操作和控制简便，任何工作人员都可以
很容易地使用它。

3）……

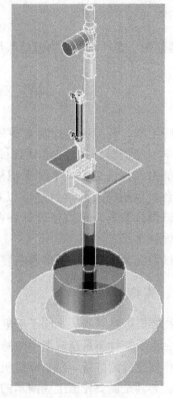

图6-1　气动控制
机构原理图

在新疆塔里木油田，油井的数量很多，所有的注油装置都需要改进，因此应用前景很
广。

……

正文中表示物理量的符号，表示点、线、面的字母均用Times New Roman斜体。
表示法定计量单位、词头的符号、函数等，化学元素符号均用Times New Roman正
体。

......

参 考 文 献

[1]　×××，×××. 可重构模块化机器人现状和发展 [J]. 机器人，2001，23（3）［卷（期）］：275-279

[2]　×××. 机器人技术基础 [M]. ××××××出版社，1996：15-47

[3]　×××××，××××. ×××，×××× 译. 机器人操作的数学导论 [M]. ××××出版社，1998：11-67 ［小五］

[4]　Lee H Y, Reinholtz C F. Inverse kinematics of serial-chain manipulators [J]. ASME Journal of Mechanical Design. 1996，118（3）：396-404

附　　　录

（装配图、零件图和实物模型照片若干张）

第二节　作品参赛的准备

近些年来，各级各类技能竞赛在高校得到了广泛的开展。机械创新设计竞赛已经成为培养大学生的创新精神、合作意识，提高大学生的创造性设计能力、综合设计能力和工程实践能力，促进更多青年学生积极投身于我国机械设计及机械制造事业的一项重要的实践平台；也是广大同学通过学以致用，提高学习兴趣的良好契机。参加各级、各类的机械创新设计竞赛，可以使设计作品充分展示，广泛地促进校际交流，进一步提高选手的机械设计水平。

机械创新设计竞赛参赛准备主要包括实物样机、技术文件和答辩三个环节。

一、实物样机参展

实物样机的竞赛参展不同于一般意义的演示，最大的特点是期间的参观者多、持续时间长，常会由于估计不足造成演示故障，影响竞赛成绩。为了确保演示过程的稳定、可靠，事先必须作好充分的准备。包括样机机械连接的充分预紧、运动副的润滑、动力和控制的接电检查等。尤其是需要轮流上场演示的比赛，团队成员一定要有明确分工，整个演示要有一个预案，包括物品搬运位置、任务完成顺序、故障处理等都做到心中有数。为了获得良好的配合效果，赛前要进行多次演练。

二、技术文件

参赛技术文件主要包括设计说明书、作品图样、作品视频资料等。

设计计算说明书除应系统地说明设计过程中所考虑的问题和全部的计算项目外，还应阐明设计的合理性、经济性以及装拆方面的有关问题，同时还要注意下列事项：

1）说明书必须用设计专用纸按上述推荐的顺序及规定格式用水笔等撰写，标出页次，编好目录，然后装订成册。说明书封面采用统一格式。说明书内容要求计算正确、论述清楚、文字精炼、插图简明、书写整洁。

2）计算部分的书写，首先列出用文字符号表达的计算公式，再代入有关数值，最后写下计算结果（不必写出中间的演算过程，标明单位、注意单位的统一，并且写法应一致，即全用汉字或全用符号，不要混用）。

3）对所引用的重要计算公式和数据，应注明来源——参考资料的编号和页次。对所得的计算结果，应有简要的结论。例如，关于强度计算中应力计算的结论"低于许用应力"、"在规定范围内"等，也可用不等式表式。如计算结果与实际所取之值相差较大，应作简短的解释，说明原因。

4）为了清楚说明计算内容，应附有必要的插图，如传动方案简图、轴的结构简图、受力图、弯矩和扭矩图等。在传动方案简图中，对齿轮、轴等零件应统一编号，以便在计算中称呼或作注脚之用（注意：在全部计算中所使用的符号和注脚，必须前后一致，不要混乱）。

5）对每一自成单元的内容，都应有大小标题，使其醒目突出。

6）所选主要参数、尺寸和规格以及主要的计算结果等，可写在右侧留出的约25mm宽的长框内，或集中采用表格形式表示，如各轴的运动和动力参数等数据可列表写出。

竞赛作品图样包括整个样机的总装图、主要部件装配图、重要零件图。作品图样的基本要求与机械图样标准规范相同。其中装配图中应反映重要配合的精度设计，技术条件中应反映主要装配调试要求；零件工作图只需要包括作品的主要零件，对于标准件、简单零件无需再画零件工作图。所画的零件工作图一定要体现几何技术规范的内容，如重要工作表面的尺寸精度、几何精度和表面质量要求。

竞赛要求提供的作品视频材料的时长通常是3min。视频材料应充分反映作品的组成、工作原理、创新点及应用等。对于视频制作条件好的团队，可作必要的剪辑，包括添加必要的旁白、特写等，以更好地突出作品的创新点。当时间紧、条件受限时，也可以只把作品的基本情况反映出来。

三、竞赛答辩

答辩是竞赛的最后环节。通过答辩可以让选手向评审专家系统地介绍参赛作品的结构组成、工作原理和创新点等，也可以让评审组更全面、深层次地检查学生知识掌握、设计成果的情况。答辩准备主要围绕作品介绍PPT的准备进行。

通常参赛答辩过程中的作品介绍时间只有3~5min时间，要在短时间里让评审专家对作品有一个清楚的认识，应着重围绕"作品研制背景、相关作品分析、机构及工作过程简介、作品创新点及应用"开展介绍。PPT应突出要点、控制页数，尽量运用图片、动画，文字以小而精为好。图6-2所示为第四届全国大学生机械创新设计作品"汽车油门防误踩系统"介绍的PPT设计。

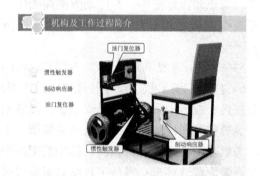
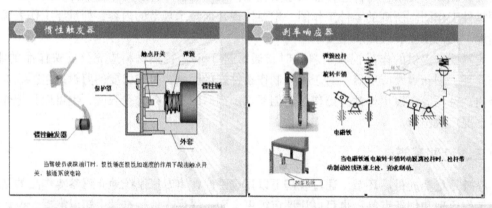
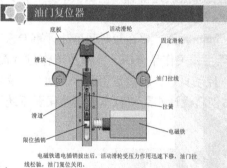
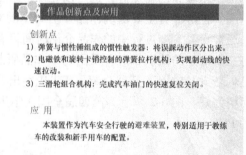

图 6-2　创新作品介绍的 PPT 示例

第三节　专利申请简介

机械创新设计属于一种知识产权。知识产权是指对智力劳动成果所享有的占有、使用、处分和收益的权利。知识产权是一种无形财产权，它与房屋、汽车等有形财产一样，都受到国家法律的保护，都具有价值和使用价值。有些重大专利、驰名商标或作品的价值要远远高于房屋、汽车等有形财产的价值。

专利是专利权的简称，它是国家按专利法授予申请人在一定时期内对其发明创造成果所享有的独占、使用和处分的权利。它是一种财产权，是运用法律保护手段"跑马圈地"，独占现有市场，抢占潜在市场的有力武器。需要注意的是，专利权不是在完成发明创造时自然而然产生的，而是需要申请人按照法律规定的手续进行申请，并经国务院专利行政部门审批后才能获得的。申请专利既可以保护自己的发明成果，防止科研成果流失，同时也有利于科技进步和经济发展。人们可以通过申请专利的方式占据新技术及其产品的市场空间，获得相应的经济利益（如通过生产销售专利产品、转让专利技术、专利入股等方式获利）。

我国专利分为发明、实用新型和外观设计三种类型。针对产品、方法或者其改进所提出的新的技术方案，可以申请发明专利；针对产品的形状、构造或者其结合所提出的适于实用的新的技术方案，可以申请实用新型专利；针对产品的形状、图案或者其结合以及色彩与形状、图案的结合所作出的富有美感并适于工业应用的新设计，可以申请外观设计专利。

专利申请人可以是该发明创造的发明人、设计人（非职务发明创造）或其所属单位（职务发明创造），也可以是该发明创造的合法受让人或继承人，或者与中国签订协议或与中国共同参加国际条约或按对等原则办理的国家的外国人、外国企业或外国其他组织。

一、专利申请基本知识

有关专利申请的具体操作过程在中华人民共和国国家知识产权局网站的专利申请指南中有详细的介绍。包括申请前、审查中和授权后三个阶段。其中第一阶段与专利的申请关系最大，其内容有：申请前查询、申请文件准备、受理专利申请的部门、办理专利申请、专利费用和专利审批程序。

1. 申请专利的途径

1）直接到国家知识产权局申请专利或通过挂号邮寄申请文件方式申请专利（专利申请文件有：请求书、权利要求书、说明书、说明书附图、说明书摘要、摘要附图）。

2）委托专利代理人代办专刊申请。采用这种方式，专利申请质量较高，可以避免因申请文件撰写质量问题而延误审查和授权。

2. 办理专利申请应当提交的申请文件

1）发明专利的申请文件应包括：发明专利请求书、说明书（说明书有附图的，应当提交说明书附图）、权利要求书、摘要（必要时应当有摘要附图），各一式两份。

2）实用新型专利的申请文件应包括：实用新型专利请求书、说明书、说明书附图、权利要求书、摘要及其摘要附图，各一式两份。

3）外观设计专利的申请文件应包括：外观设计专利请求书、图片或者照片，各一式两份。要求保护色彩的，还应当提交彩色图片或者照片一式两份。提交图片的，两份均应为图片；提交照片的，两份均应为照片，不得将图片或照片混用。如对图片或照片需要说明的，应当提交外观设计简要说明，一式两份。

申请文件的填写和撰写有特定的要求，申请人可以自行填写或撰写，也可以委托专利代理机构代为办理。尽管委托专利代理是非强制性的，但是考虑到精心撰写申请文件的重要性以及审批程序的法律严谨性，对经验不多的申请人来说，委托专利代理是值得提倡的。

二、委托专利代理机构申请专利所需文件及要求

1. 申请发明和实用新型专利需要准备的材料

（1）必要信息

1）发明或实用新型名称。

2）发明人或设计人姓名、地址、国籍。

3）申请人姓名或名称、地址、国籍。

4）发明专利是否要求提前公开，是否要求在提交申请的同时请求实质审查。

（2）委托书　一件申请需提交一份委托书，申请量大的可以提交总委托书。委托书必须是由申请人签字或盖章的原件。因时间关系申请递交时不能够同时附委托书的，可以自申请日起两个月内补交。

（3）技术交底书　内容包括发明或实用新型名称、该发明或实用新型的技术领域、背景技术、该发明或实用新型的目的及实现目的的技术方案、实施效果、可提供附图对发明进行说明、实用新型必须提供附图。

1）专利名称应能够简明、准确地表明专利请求保护的主题。

2）技术领域是指本专利技术方案所属或直接应用的技术领域。

3）背景技术是指对该技术的理解、检索、审查有用的技术。可以引证反映这些背景技术的文件，背景技术是对最接近的现有技术的说明，它是改进技术方案的基础。此外，还要客观地指出背景技术中存在的问题和缺点，引证文献、资料的，应写明其出处。

4）发明内容包括所要解决的技术问题、解决其技术问题所采用的技术方案及其有益效果。

①要解决的技术问题：指要解决的现有技术中存在的技术问题，应当针对现有技术存在的缺陷或不足，用简明、准确的语言写明所要解决的技术问题，也可以进一步说明其技术效果，但是不得采用广告式宣传用语。

②技术方案：是申请人对其要解决的技术问题所采取的技术措施的集合。技术措施通常是由技术特征来体现的。技术方案应当清楚、完整地说明实用新型的形状、构造特征，说明技术方案是如何解决技术问题的，必要时应说明技术方案所依据的科学原理。撰写技术方案时应注意以下几点：

a）机械产品应描述必要零部件及整体结构关系，并描述其工作原理和工作过程。

b）涉及电路的产品，请提供方框图和电路原理图，并详细描述其连接关系和工作原理。

c）机电结合的产品还应写明电路与机械部分的结合关系。

③有益效果。有益效果是指和现有技术相比所具有的优点及积极效果，它是由技术特征

直接带来的，或者是由技术特征产生的必然的技术效果。

④附图说明。应写明各附图的图名和图号，对各幅附图作简略说明，必要时可将附图中标号所示零部件名称列出。

⑤具体实施方式。具体实施方式是本技术方案基础上优选的具体实施例。实施方式应与技术方案相一致，并且应当对权利要求的技术特征给予详细说明，以支持权利要求。使所属技术领域的技术人员能够理解和实现，如果有多个实施例，每个实施例都必须与本专利所要解决的技术问题及其有益效果相一致。

注：如果认为必要，可以签署委托代理合同。

（4）注意事项和相关说明

1）代理事项

①申请专利前最好进行专利文献检索，以了解是否有相同的技术已经申请了专利。

②代理人按照申请人提供的技术交底书的内容，撰写申请文件，包括说明书、权利要求书、摘要和附图，在提交专利局前应当交由申请人审阅并签署确认书。

③如果需要委托制作附图，加收制图费。

④委托书一般为委托全部程序的代理，代理人可以代申请人办理向专利局缴纳各种费用的手续等相关事项，并将专利局发出的各种通知书及时转交申请人，同时告知注意事项或提出相应建议。

⑤如申请人地址或联系人发生变更，请及时通知代理人，以确保正确收发有关通知和材料。

2）程序说明

①发明专利请求实审的期限为自申请日起算三年之内的任何时间。请求实审要交纳实质审查费。

②发明专利从申请日起满两年尚未被授予专利权的，自第三年度起应当缴纳申请维持费，各年度的申请维持费在办理专利登记手续时与专利登记费等一并缴纳。

③方法发明以及无固定形状的产品的发明，只能申请发明专利，不能申请实用新型专利。

④申请人接到授权通知书后，应当在两个月内办理登记手续并缴纳规定的费用。期满未办理登记手续的，视为放弃取得专利权的权利。

⑤授予专利权后，专利权人每年要缴纳专利年费，逾期后有六个月的滞纳期，仍可补缴年费，但要缴纳滞纳金。在专利年费滞纳期满仍未缴纳或者缴足本年度年费和滞纳金的，专利权自上一年度期满之日起终止。

⑥专利申请过程中或专利批准后，随时可以办理转让手续。

⑦如果申请人要依据已提出的中国专利申请提出 PCT 国际申请或向外国申请专利，应自中国申请日起一年（12 个月）之内办理上述申请手续，以便按照巴黎公约的规定享受优先权。

2. 申请外观设计专利需要准备的材料

可提供产品实物一件，也可提供产品六面视图及立体图一份或六面及立体照片四份。

（1）必要信息

1）外观设计名称。

2）设计人姓名、地址、国籍。

3）申请人姓名或名称、地址、国籍。

（2）委托书　一件申请需提交一份委托书，申请量大的也可以提交总委托书。委托书必须是由申请人签字或盖章的原件。

（3）外观设计的图片或照片　图片或者照片不得小于 3cm×8cm，并不得大于 15cm×22cm。同时请求保护色彩的外观设计专利申请，应当提交彩色图片或者照片一式两份，若有特殊要求需附简要说明。

（4）签署委托代理合同。

（5）注意事项和相关说明

1）代理事项

①申请专利前最好进行专利文献检索，以了解是否有相同的外观设计已经申请了专利。

②代理人按照申请人提供的材料准备申请文件，在提交专利局前交申请人审阅并签字。

③如果委托制作图片或拍照片，加收制图费和拍照费。

④代申请人办理向专利局缴纳各种费用的手续，将专利局发出的各种通知书及时转交申请人，同时告知注意事项或提出相应建议。

⑤如申请人地址或联系人发生变更，请及时通知代理人，以确保正确收发有关通知和材料。

2）程序说明

①申请人接到授权通知书后，应当在两个月内办理登记手续并缴纳规定的费用。期满未办理登记手续的，视为放弃取得专利权的权利。

②授予专利权后，专利权人每年要缴纳专利年费，逾期后有六个月的滞纳期，仍可缴纳年费，但要缴纳滞纳金。在专利年费滞纳期满仍未缴纳或者缴足本年度年费和滞纳金的，专利权自上一年度期满之日起终止。

③专利申请过程中或专利批准后，随时可以办理转让手续。

④如果申请人要依据已提出的中国外观设计专利申请提出向外国的专利申请，应自中国申请日起 6 个月之内办理向外国申请手续，以便享受优先权。

三、专利申请实例——汽车油门①防误踩系统专利申报

根据"汽车油门防误踩系统"的技术创新特点，委托专利代理申报了实用新型专利三项和发明专利一项。

1. 技术交底书

详见第五章实例二。

2. 专利申请文件

根据所提供的技术交底书，由代理人完成的"汽车油门误踩识别装置"说明书、权利要求书等申请文件。

---

① "油门"新标准应改为"加速踏板"，此处为与专利证书名称统一，仍采用"油门"。

说　明　书

汽车油门误踩识别装置

技术领域

　　本实用新型涉及一种汽车使用辅助工具，尤其是一种用于区分出误踩油门和正常踩油门两种不同操作动作的汽车油门误踩识别装置。

背景技术

　　随着科学技术的发展，国民生活水平的不断提高，交通工具日新月异，交通安全问题也越来越得到人们的关注。汽车是主要的交通工具之一，目前汽车的制动和加速都是由右脚控制的，两者相处的位置很接近，当驾驶员在紧张的状态下有可能会将油门误当制动，导致事故发生。现有的汽车防误踩油门系统中，主要分为两种：第一种是改变现有制动的结构，左右脚分开操作，左脚控制油门，右脚控制制动，这种装置在正常操作的时候可以避免误操作，缺点是在紧急状态下，容易出现左、右脚动力出错；第二种是通过一些电子元件、光控元件对速度进行检测，设计出应急制动装置，缺点是成本较高，对原有装置的改动较大。因此急需出现一种便于区分出误踩油门和正常踩油门两种不同的操作动作的装置，以便于汽车防误踩油门系统及时准确地做出制动动作。

发明内容

　　本实用新型要解决上述现有技术的缺点，提供一种能便于区分出误踩油门和正常踩油门两种不同的操作动作的汽车油门误踩识别装置，满足安全驾驶需求。

　　本实用新型解决其技术问题采用的技术方案：这种汽车油门误踩识别装置，包括保持套，保持套内开有通孔，通孔一端的保持套上开有直径大于通孔的凹台，通孔另一端设有触点开关，凹台内设有可自由滑动的惯性锤，惯性锤内端固定有触杆，凹台与惯性锤之间撑有弹簧，触杆与触点开关相对应。这样，将本实用新型固定在油门踏板后侧末端，当正常踩油门时，踩踏板的用力均匀，速度缓慢，装在保持套内的惯性锤没有获得足够的加速度，装置中的弹簧托着惯性锤在内套中浮动，触杆不触及触点开关；误踩油门时，踩油门踏板用力较大，速度较快，装在保持套内的惯性锤随着油门踏板迅速下压得到了一个较大的加速度，惯性锤因惯性压缩弹簧而前冲，触杆撞击触点开关，启动装置。

　　进一步，保持套一端设有安装块，保持套与安装块之间设有连接套，触点开关设在安装块上。这样便于安装和调整触点开关与触杆之间的距离。安装块背面设有防护套，这样可以防止油门踏板踩踏过猛导致安装块、触点开关等损坏，起到缓冲和垫衬的作用。

　　本实用新型有益的效果是：本实用新型的结构合理、紧凑，通过保持套、惯性锤、触杆、凹台、弹簧、触点开关的合理设置，根据油门踏板正常踩踏与误踩的力度和速度不同，通过惯性锤、触杆、触点开关等的相互作用，区分误踩油门和正常踩油门，在误踩油门踏板的时候能及时的触动触点开关，将误踩动作及时以电信号输出，以便于汽车防误踩油门系统及时准确的做出制动动作。本实用新型安全可靠，不需要对汽车进行其他改装，符合相关标准，值得推广运用。

附图说明

　　图1为本实用新型分解时的立体结构示意图；

　　图2为本实用新型中触杆未触动触点开关时局部剖视时的结构示意图；

　　图3为本实用新型中触杆触动触点开关时局部剖视时的结构示意图；

　　图4为本实用新型的动作示意图；

　　图5为本实用新型应用时的结构示意图；

　　图6为本实用新型应用中的运动情况示意图。

（续）

附图标记说明：保持套 1，通孔 2，凹台 3，触点开关 4，惯性锤 5，触杆 6，弹簧 7，安装块 8，防护套 9，连接套 10，油门踏板 11。

具体实施方式

下面结合附图对本实用新型作进一步说明：

参照附图：本实施例中的这种汽车油门误踩识别装置，包括保持套 1，保持套 1 内开有通孔 2，通孔 2 一端的保持套 1 上开有直径大于通孔 2 的凹台 3，通孔 2 另一端设有设有安装块 8，保持套与安装块之间设有连接套 10，安装块 8 上设有触点开关 4，凹台 3 内设有可自由滑动的惯性锤 5，惯性锤 5 内端固定有触杆 6，凹台 3 与惯性锤 5 之间撑有弹簧 7，触杆 6 与触点开关 4 相对应。

使用时，由于油门踏板 11 被踩转动，油门踏板 11 末端的线速度最大，惯性效果最明显，为了提高本实用新型的灵敏度，将本实用新型安装在油门踏板 11 末端转动轨迹的切线方向上，尽可能地水平放置。正常踩油门时，踩油门踏板 11 的用力均匀，速度缓慢，保持套 1 内的惯性锤 5 没有获得足够的加速度，凹台 3 中的弹簧 7 托着惯性锤 5 在通孔 2 中浮动，惯性锤 5 不触及触点开关 4；误踩油门时，踩油门踏板 11 用力较大，速度较快，保持套 1 内的惯性锤 5 随着油门踏板 11 迅速下压得到了一个较大的加速度，惯性锤 5 因为惯性压缩弹簧而前冲，触杆 6 撞击触点开关 4，从而输出电信号。当车辆行驶在路面颠簸不平地段时，由于车辆震动方向与惯性锤 5 的工作运动方向垂直，所以不会引起惯性锤 5 的错误动作。按照工作要求挑选合适的弹簧特性的弹簧 7，防止正常急速超车加速时，惯性锤 5、触杆 6 产生误动作而触及触点开关 4。汽车正常紧急制动造成的惯性锤 5 动作，不影响安全性，因为其结果也是制动。

虽然本实用新型已通过参考优选的实施例进行了图示和描述，但是，本专业普通技术人员应当了解，在权利要求书的范围内，可作形式和细节上的各种各样变化。

（附图略）

权利要求书

1. 一种汽车油门误踩识别装置，包括保持套（1），其特征是：所述保持套（1）内开有通孔（2），所述通孔（2）一端的保持套（1）上开有直径大于通孔（2）的凹台（3），通孔（2）另一端设有触点开关（4），所述凹台（3）内设有可自由滑动的惯性锤（5），所述惯性锤（5）内端固定有触杆（6），所述凹台（3）与惯性锤（5）之间撑有弹簧（7），所述触杆（6）与触点开关（4）相对应。

2. 根据权利要求 1 所述的汽车油门误踩识别装置，其特征是：所述保持套（1）一端设有安装块（8），所述保持套（1）与安装块（8）之间设有连接套（10），所述触点开关（4）设在安装块（8）上。

3. 根据权利要求 2 所述的汽车油门误踩识别装置，其特征是：所述安装块（8）背面设有防护套（9）。

3. 国家知识产权局颁发的专利申请受理通知书（见图6-3）

中华人民共和国国家知识产权局

310009

杭州市解放路 40 号 9 幢 428 室
杭州金源通汇专利事务所（普通合伙）　周涌贺

发文日：

2011 年 05 月 12 日

申请号或专利号：201120149415.7　　　　　　发文序号：**2011051200217660**

专 利 申 请 受 理 通 知 书

　　根据专利法第28条及其实施细则第38条、第39条的规定，申请人提出的专利申请已由国家知识产权局受理。现将确定的申请号、申请日、申请人和发明创造名称通知如下：

　　申请号：201120149415.7
　　申请日：2011 年 05 月 12 日
　　申请人：浙江机电职业技术学院
　　发明创造名称：汽车油门误踩识别装置

经核实，国家知识产权局确认收到文件如下：
实用新型专利请求书　每份页数:3 页　文件份数:1 份
权利要求书　每份页数:1 页　文件份数:1 份　权利要求项数：　3 项
说明书　每份页数:3 页　文件份数:1 份
说明书附图　每份页数:5 页　文件份数:1 份
说明书摘要　每份页数:1 页　文件份数:1 份
摘要附图　每份页数:1 页　文件份数:1 份
专利代理委托书　每份页数:2 页　文件份数:1 份
费用减缓请求书　每份页数:1 页　文件份数:1 份
费用减缓证明　每份页数:1 页　文件份数:1 份

提示：
　　1. 申请人收到专利申请受理通知书之后，认为其记载的内容与申请人所提交的相应内容不一致时，可以向国家知识产权局请求更正。
　　2. 申请人收到专利申请受理通知书之后，再向国家知识产权局办理各种手续时，均应当准确、清晰地写明申请号。

　　审 查 员：赵荣华(电子申请)　　　　　　审查部门：专利局初审及流程管理部-17

200101　　　纸件申请，回函请寄：100088 北京市海淀区蓟门桥西土城路6号　国家知识产权局受理处收
2010.2　　　电子申请，应当通过电子专利申请系统以电子文件形式提交相关文件。除另有规定外，以纸件等其他形式提交的文件视为未提交。

图 6-3　专利申请受理通知书

4. 由国家知识产权局颁发的专利证书（见图6-4）

证书号第2006385号

实用新型专利证书

实用新型名称：汽车油门误踩识别装置

发　明　人：陈长生；方骁翔

专　利　号：ZL 2011 2 0149415.7

专利申请日：2011 年 05 月 12 日

专 利 权 人：浙江机电职业技术学院

授权公告日：2011 年 11 月 23 日

　　本实用新型经过本局依照中华人民共和国专利法进行初步审查，决定授予专利权，颁发本证书并在专利登记簿上予以登记。专利权自授权公告之日起生效。

　　本专利的专利权期限为十年，自申请日起算。专利权人应当依照专利法及其实施细则规定缴纳年费。本专利的年费应当在每年 05 月 12 日前缴纳。未按照规定缴纳年费的，专利权自应当缴纳年费期满之日起终止。

　　专利证书记载专利权登记时的法律状况。专利权的转移、质押、无效、终止、恢复和专利权人的姓名或名称、国籍、地址变更等事项记载在专利登记簿上。

局长　田力普

2011 年 11 月 23 日

第 1 页 （共 1 页）

图6-4　专利证书

参 考 文 献

[1]　高志，黄纯颖. 机械创新设计 [M]. 2 版. 北京：高等教育出版社，2010.
[2]　高志，刘莹. 机械创新设计 [M]. 北京：清华大学出版社，2009.
[3]　丛晓霞. 机械创新设计 [M]. 北京：北京大学出版社，2008.
[4]　张美麟. 机械创新设计 [M]. 北京：化学工业出版社，2005.
[5]　张有忱，张莉彦. 机械创新设计 [M]. 北京：清华大学出版社，2011.
[6]　邹慧君. 机械系统概念设计 [M]. 北京：机械工业出版社，2003.
[7]　杨家军. 机械系统创新设计 [M]. 武汉：华中理工大学出版社，2000.
[8]　强建国. 机械原理创新设计 [M]. 武汉：华中理工大学出版社，2008.
[9]　段铁群. 机械系统设计 [M]. 北京：科学出版社，2010.
[10]　赵松年，佟杰新，卢秀春. 现代设计方法 [M]. 北京：机械工业出版社，2001.
[11]　朱文坚，梁丽. 机械设计方法学 [M]. 广州：华南理工大学出版社，2005.
[12]　符炜. 机械创新设计构思方法 [M]. 长沙：湖南科学技术出版社，2006.
[13]　赵新军. 技术创新理论（TRIZ）及应用 [M]. 北京：化学工业出版社，2004.
[14]　陈长生. 机械基础 [M]. 北京：机械工业出版社，2010.
[15]　黄继昌，徐巧鱼，张海贵. 实用机构图册 [M]. 北京：机械工业出版社，2008.
[16]　吴宗泽. 机械结构设计准则与实例 [M]. 北京：机械工业出版社，2007.
[17]　方键. 机械结构设计 [M]. 北京：化学工业出版社，2005.
[18]　赵明岩. 大学生机械设计竞赛指导 [M]. 杭州：浙江大学出版社，2008.
[19]　翁海珊，王晶. 第一届全国大学生机械创新设计大赛决赛作品集 [M]. 北京：高等教育出版社，
　　　2006.
[20]　鞠鲁粤. 机械制造基础 [M]. 5 版. 上海：上海交通大学出版社，2009.
[21]　陈长生. 机械制造基础 [M]. 杭州：浙江大学出版社，2012.
[22]　Neil Sclater, Nicholas P. Chironis. 机械设计实用机构与装置图册 [M]. 邹平，译. 北京：机械工
　　　业出版社，2007.